高压喷射灌浆技术的理论与实践

崔双利 李 伟 主 编

辽宁科学技术出版社
·沈阳·

内容提要

本书是一本介绍高压喷射灌浆技术及其在土木工程，特别是水利工程中突发渗漏险情应急防渗处置应用的著作。系统地介绍了我国基础处理工程领域应用高压喷射灌浆技术的研究成果及其应用实例，是理论和实践相结合的论著。

本书共分9章，主要内容包括：高压喷射灌浆技术的起源、机制、固结体性能、施工机械、监测仪表、结构设计、浆材使用、施工要求、工程实例及未来发展等。本书可供水利工程管理、规划设计、专业施工和其他工程技术人员参考使用。

图书在版编目（CIP）数据

高压喷射灌浆技术的理论与实践 / 崔双利，李伟主编 . —沈阳：辽宁科学技术出版社，2023.7
ISBN 978-7-5591-3081-5

Ⅰ . ①高… Ⅱ . ①崔… ②李… Ⅲ . ①水利工程—灌浆—研究 Ⅳ . ① TV543

中国国家版本馆 CIP 数据核字（2023）第 116792 号

出版发行：辽宁科学技术出版社
　　　　　（地址：沈阳市和平区十一纬路25号　邮编：110003）
印 刷 者：辽宁鼎籍数码科技有限公司
经 销 者：各地新华书店
幅面尺寸：170 mm × 240 mm
印　　张：13.25
字　　数：270千字
出版时间：2023 年 7 月第 1 版
印刷时间：2023 年 7 月第 1 次印刷
责任编辑：陈广鹏
封面设计：张　超
责任校对：栗　勇

书　　号：ISBN 978-7-5591-3081-5
定　　价：88.00元

联系电话：024-23280036
邮购热线：024-23284502
http://www.lnkj.com.cn

前言

QIANYAN

    灌浆始于18世纪初，当时是一位法国工程师的创造性建议，是用非常简陋的方法进行的。以后经过不断改善并且随着用途的拓展，已在土木工程施工中成为一种标准的方法。出现了按不同灌浆机制、材料、地层、压力及不同灌浆用途而分类的各式灌浆，而且还不断发展创造出新的灌浆方法。高压喷射灌浆（简称高喷灌浆或高喷）最早在日本使用，是在被灌地层（指第四纪覆盖层）出现不可灌或灌注效果不理想背景下产生的，是一种强制破坏地层而进行灌注的方法，它为土壤灌浆加固开辟了新的途径。

    高喷灌浆虽始于日本的"旋喷桩"工法，我国铁路、冶金系统也相继引进此技术进行旋喷桩地基补强加固，但水利上用于防渗是先进行各种地层高喷灌浆试验，取得一定经验和认识后，汲取同时期土坝静压灌浆和劈裂灌浆设备和工艺经验，在多处病险库、险工堤防试验性加固后，取得现场开挖、试验及观测成果条件下，而提出一套较为完善的高喷灌浆技术。

    辽宁省水利水电科学院作为国内最早研究高喷灌浆工法的单位之一，开发研究了三重管高喷灌浆技术，研制了SGP1～SGP6型系列高喷灌浆机，用于病险水库、堤防及其他建筑物的防渗加固。在大量试验和工程实践中，总结出固结体硬化过程机制，并提出水泥含量快速测定法和多种适合不同地质条件应用的浆液配合比。针对三重管灌浆施工，提出防堵管工艺和砂卵石造孔工艺，发明了灌浆护孔装置、小型振管激振器和自动换向射水器等。在灌浆质量监测方面，研发了KLE-4A及KLE-4B灌浆质量监测仪和防渗墙体内埋设土压力计等长期监测仪器技术。这些成果多次获奖，应用于水利等基础处理工程中，取得了显著的经济效益和社会效益。

    同时期在国内其他行业中，许多科研院所和施工单位，也都开展了高喷灌浆技术研究，密切结合生产需要，各自取得独特成果，极大地提高了我国高喷灌浆技术水平。本书总结了这些高喷灌浆技术的主要创新成果和成功经验，加以归纳论证，理论和实践相结合，对从事灌浆工作理论研究和实际应用的人员有着一定的参考和借鉴价值。

    高喷灌浆较传统乌卡斯槽孔混凝土防渗，有着造价低、适应地层宽泛、施工速度快等优势，比后来发展的其他防渗方法如深层搅拌、垂直铺塑、板式防渗墙等也有不同的优势，一度在国内中小型病险水库、堤防防渗加固中占据重要地位。但不容否认，在一些工程施工中，也发生过工程质量没有达到预期的工程目的情况，其中主要原因是初期施工队伍经验不足，施工质量控制手段原始，盲目扩大适用地层范围，没有制定设计和施工规范可遵循等。庆幸的是在发展完善过程中，施工队伍逐步得到整合，经验素质也不断提高，已制定高喷灌浆专用规范指导设计和施工，施工质量监测采用高自动化多用途灌浆监测仪，使施工自始至终是在设计要求的参数下进行，使得该项技术得到规范化发展。多年来实践证明，此技术适合于水利工程突发渗漏险情的应急处置，采用该技术能及时对堤、坝等水工建筑物软弱透水地基进行防渗处理。

随着抓斗挖槽构筑混凝土防渗墙技术快速发展，其成墙质量和防渗质量都好于靠切割掺搅形成的高喷防渗墙，加之其他防渗方法不断出现，高喷灌浆防渗的使用逐渐减少是不争的事实。但是在我国众多有坝基渗透水工建筑物中，地质状况不同、渗透成因复杂，防渗工程要求也各自不同，造就了防渗方法的多样性。高喷灌浆法以其破坏坝体小，不释放坝体和地基应力，适应多种工况条件下施工，特别是在其他防渗工法受限制或不能采用的情况下，仍具有一定的运用与发展空间。笔者认为防渗工程把"堵"做到不透水甚至滴水不漏，在这种思想原则指导下，势必使用造价高昂、工艺复杂、大范围破坏原坝体技术，这种做法的合理性值得商榷。在防渗实践中，采用"堵""排"结合，满足结构及渗透稳定要求，因地制宜，选择最适合方法恰到好处治理是优先考虑的。在这种情况下，坝下地基存在一定渗水，对坝后及周围地下水补充、丰富地下水环境、下游农业生产及牲畜用水都是大有益处的。

编写本书的初衷主要是为从事高喷灌浆技术研究、工程设计及施工人员提供一本该项技术起源、发展状况，包含理论与实践的书。相信本书能够提供一些帮助，从而避免重复研究和有助于提高工程质量。鉴于笔者对高喷灌浆理论研究和理解不深，可借鉴较系统阐述的资料又少，因此很难写好一本包含深刻高喷灌浆理论内容的著作。本书仅是一次尝试，必然存在着不少缺点，诚挚欢迎读者对本书提出改进建议和批评。

本书的出版得到了诸多个人和单位的支持和帮助。其中辽宁省水利水电科学院参加过高喷灌浆技术研发的老同志提供了宝贵的原始资料，抚顺市刘山水利机械厂提供了灌浆设备技术资料，笔者在此谨表最衷心的感谢。

崔双利

2023 年 1 月

目录
MULU

1　高压喷射灌浆技术的起源

1.1　国外起源状况

根据查阅资料，应用高压喷射流破坏土壤，加工各种材料的试验和研究，从 20 世纪 50 年代就已经开始，当时是在采煤工作面上使用，压力低（3MPa 以下），流量大（50L/s 以下）。以后，日本、美国、英国、苏联等继续研究，并在这方面获得较多的成果。美国已研制出用高压射流加工材料（特别是切割厚纸板）的设备，英国、苏联进行了切割煤层的研究。美国利用压力为 392MPa 的冲击射流辅助掘进机开挖坚硬花岗岩（抗压强度 175~280MPa）的试验，使掘进进尺由无射流的 1.75m/h 提高到 2.6m/h，能节省 30% 的费用。日本从 1968 年开始把高压喷射掘进岩石的技术导入土木工程领域，开创了高压旋喷桩加固法（简称旋喷法）新技术的试验研究工作，称为 C.C.P 工法（Chemical Churningpile or Parttern），意为化学搅拌法。经过许多工程实践反复改进，已成为比较完整的施工工艺，这一工艺的基本原理就是利用高压泵在钻孔内，通过特制的喷嘴把浆液喷射到土中，依靠浆液喷射流的巨大能量把一定范围内的土层射穿，使土的结构遭到破坏，并因喷嘴做旋转运动，使浆液喷射流切割土体，强制土粒与浆液进行搅拌混合，喷嘴一面旋转一面缓慢提升，这样在浆液凝固后，便在土中形成一个新的圆柱状固结体，即高压旋喷桩。这种施工方法设备简单，使用方便，但成桩直径小，一般为 0.5~0.8m，极限抗压强度 0.5~8MPa。为了进一步提高加固效果，日本进一步研究了高压射流的特征，开发了一系列新的专利工法，如 J.G.P 工法（Jet Grout Pile）、J.S.P 工法（Jumbc Special Pile），以及柱状喷射桩法（Golumn Jet Pile）等。这些新的方法，在日本地基基础工程中迅速得到推广。1972—1975 年间 C.C.P 工法在百余项工程中得到应用。1976—1980 年间 J.S.P 工法，即同时喷射压缩空气的旋喷法在约 60 项工程中得到应用，旋喷总长度已达 60 多万米。J.S.P 工法，即特殊桩法除旋喷高压浆外，同时并用压缩空气系二重管旋喷法，其成桩直径比单管旋喷法大，达 0.8~1.2m，极限抗压强度 2~10MPa，而三重管旋喷法即采用高速水喷流，在水喷流外围包裹一层压缩空气喷流，进行对土层的切割破坏，同时压送浆液进入翻松的土中，此法成桩直径大大增加，可达 1.5~3.0m，极限抗压强度 1~15MPa。

那一时期，日本旋喷法沿着两个方面同时发展，一是不用压缩空气的单管法，二是并用压缩空气的二、三重管法。并且一些研究把现代技术应用到这一领域中。例如利用小型超声波测定器和处理超声波检测器信号的微型计算机来探知地下工作情况以及成桩情况，并绘出图形。1981 年日本利用这种检测器和反向回转钻机开凿导孔，并在旋喷中排出切削下来的砂土，完成了处于地下 72~75m 深的砂土地基的加固工程。

1.2 国外发展状况

日本于 1992 年提出多重管法，称之为 SSS-MAN 工法，它先是钻出导孔，然后置入多重管，在向下旋转时以高压水（40MPa）切削捣碎土体，把孔内形成的泥浆用真空泵从多重管中抽出，反复切削和排浆以形成更大的空洞，装在喷嘴附近的超声波传感器会及时测出空洞的直径和形状，然后用水泥浆液、砂浆或砾石等材料充填形成桩体，桩体直径可达 4.0m。之后又发展超级喷射法，即在 40MPa 以上超高压水气喷射流切割后，再以压缩空气膜保护下的水泥浆液二次切削，浆压力达 30MPa 以上，而流量叠加则高达 300L/min，在这种双高压大流量的射流冲击下，它的直径可达 5.0m。在此基础上又发展其他工法如交叉喷射法（X-JET）、喷射搅拌法（JACSMAN）、低变位喷射搅拌工法（LDIS）及扩幅式喷射搅拌工法（SEINC-JER）等。这些方法共同特点是千方百计改善喷射机具设备和变化工艺方法，使形成桩体尺寸可控，桩径变得更大且强度变得更高。

意大利的 RJP 工法（RODIO JET PILE 施工法）是以意大利 RODIO 公司的高压旋喷注浆施工法为基础改进开发出来的。它使用高压水和空气射流以及超高压水泥浆等，谋求大口径化、高效化，并适应复杂的施工条件及缩短工期的同时，在 RJP 钻机上设置摆动机构，除了能够旋喷外，还能够摆喷，是一种经济的施工法。该工法的特点是通过上段喷嘴进行导向切削，自下段喷嘴以超高压与空气射流一起喷射固化材料，构筑直径 2.5~3.0m 的大口径加固体。

苏联开发的喷射冷沥青技术，具有加快成墙速度和降低施工费用的优点。冷沥青（沥青乳剂）通过喷射钻杆注入地层内。杆的侧面每隔一定距离开有喷射孔，孔口安装喷嘴。其出口喷嘴直径仅为 1~2mm。在钻杆末端设有两个向下喷射水流的喷嘴。射流压力采用 10MPa。整个施工过程与高喷灌浆工艺相似。利用高压泵将沥青乳剂注入土层内，与被高速射流粉碎的土颗粒均匀混合，硬结后形成具有弹性和防水性的固结体，可形成连续的防渗墙 [1]。

1.3 国内起源状况

我国最早研究旋喷桩法的是铁道部等单位，1972 年铁道部科学研究院开始研究这项新技术，进行了一些探索性试验，此后铁道部以及煤炭、冶金等部门的科研、施工单位相继将其应用于房屋建筑的软基加固、桥基加固补强、流沙处理，地下铁道的基础加固等各个方面。

1976 年，原水利水电部第七工程局曾在四川龚咀水利枢纽河床砂卵石覆盖层做过旋喷灌浆防渗帷幕的探索性试验。1978 年铁道部科学研究院等单位联合试验三重管旋喷加固地基的方法，在细沙、回填土和黏性土中进行了现场试验，并于 1980 年与柳州铁路局合作，在枝柳线祥秘隧洞对软黏土进行了现场试验，取得成功后在该隧洞对软黏土、粉细砂地基进行加固施工。与此同时，冶金部建筑研究院等单位在上海宝钢进行了二重管、三重管旋喷试验，并完成了初轧厂1# 铁皮坑淤泥质黏土、亚黏土等地层的加固工程。

1981—1982 年，山东省水利科学研究所在白浪河水库坝后河床壤土及砾石粗砂覆盖层进行了旋喷灌浆和高压定向喷射灌浆试验。1983 年，辽宁省水利水电科学研究所与铁岭市水利局合作，在泡子沿水库进行了现场旋喷灌浆和定向喷射灌浆试验，并应用三重管高压定向喷射灌浆技术完成了拦河大坝坝基防渗帷幕的施工。初期国内应用旋喷法试验和施工情况见表 1-1。

表 1-1 国内旋喷法初期试验和施工工程统计

序号	项目名称	喷射方式	喷射长度（m）	施工单位	时间（年、月）
1	兰州车站站台风雨棚地基加固	单管旋喷	2390	兰州铁路局	1978
2	海沟县三岔河桥墩旋喷帷幕	单管旋喷	800	郑州及沈阳铁路局	1976
3	教学楼地基加固	单管旋喷	—	浙江大学	1976
4	主、副竖井旋喷帷幕	单管旋喷	528	风南煤矿	1976—1977
5	浴池楼加固	单管旋喷	400	铁道部第三工程局	1978—1979

序号	项目名称	喷射方式	喷射长度（m）	施工单位	时间（年、月）
6	广深线路基加固	单管旋喷	250	郑州及广州铁路局	1978
7	八冶家属楼地基加固	单管旋喷	85	第八冶金建设公司	1977
8	砂卵石地层防渗帷幕试验	单管旋喷	82	水电部第七工程局	1978—1979
9	阜淮线戴家湖大桥桥墩基础加固	单管旋喷	1062.4	沈阳铁路局桥隧大修段	1982.4
10	宝山钢厂初轧铁皮坑旋喷试验及施工	三重管旋喷	3000	冶金部建筑研究院	1979—1980
11	枝柳线祥秘隧洞加固地基	三重管旋喷	314.7	柳州铁路局、铁科院等单位	1980.4—1980.12
12	白浪河水库河床覆盖层帷幕试验	三重管旋喷及定向喷射	—	山东省水利科学研究所	1981—1982
13	泡子沿水库主坝防渗帷幕试验与施工	三重管定向喷射	271.6	辽宁省水利水电科学研究所	1983.4—1983.10

从表 1-1 中列出资料看出，初期国内应用旋喷法试验和施工的工程量已近 1 万延长米。其中大部分是单管旋喷，三重管旋喷是 1979 年以后开始试验研究，并在宝钢大规模应用。但还存在许多问题有待以后逐步解决。应用三重管高压喷射灌浆技术建造地下防渗帷幕，更是处于初始试验阶段。

初期高压喷射灌浆技术应用呈现如下特点：

（1）多以现场喷射试验为主，或试验应用相结合且规模都比较小，说明在引进国外技术后，进行了认真的消化吸收，在试验基础上谨慎加以应用。

（2）在喷射方式上，以单管旋喷为主，形成旋喷桩径小，三重管旋喷或定喷是在此基础上发展起来的，形成的旋喷桩径或定喷长度明显增大。

（3）应用范围多为建筑物补强加固，只有在水利工程上作为防渗帷幕应用才使该项技术取得实质性突破。

1.4　国内发展状况

自 20 世纪 80 年代中期开始，至 21 世纪前 10 年的近 30 年时间里，高压喷射灌浆技术获得了迅速发展，尤其是在应用方面突飞猛进。仅在水利上，据不完全统计全国几乎各省、市、自治区均推广应用了此项技术或组建了施工队伍，其中山东、辽宁、广东、湖南、福建、河南、四川等省发展较快。体现在设备技术不断更新发展，工艺方法不断完善和应用领域不断拓宽。在设备上，山东省水科所研制了区别于三重管的三管并列式喷射装置，适用于深孔、大颗粒不均匀地层高喷灌浆；辽宁省水利水电研究所研制了轻便系列高喷灌浆台车，适用各种场地环境施工，具有代表性。此外国产高压水泵技术不断提高，其核心参数压力由最初的不大于30MPa，到90年代初50MPa，再到后来70MPa甚至更高。在泥浆泵方面，21世纪初国内厂家研制成功高压泥浆泵，可利用泥浆压力代替水压力直接切割掺搅地层土，使得形成高喷固结体水泥含量及强度得到大幅提高，这些设备的使用都极大地促进了高喷灌浆技术的发展。

在工艺上，不同地质条件采用不同工艺，如致密黏土层采用先喷水气升扬置换，然后二次进行水气浆喷射，形成理想性状固结体。在含水量大地层，利用水气同轴喷射过程中压缩空气吹送水泥粉入孔底，使水泥粉与喷射水及地层土混合形成固结体。在应用地层上，最初适用于均匀细颗粒地层，逐步应用到砂砾石地层。随着工艺方法不断改进已在大颗粒砂卵石甚至卵漂石地层获得应用。除此之外，在地下构筑物补强、防渗、连接、承重加固等方面都得到不同程度应用。

随着高喷灌浆技术应用工程不断增多，在工程实践中也发现诸多问题，出现了没有达到预期工程目的和质量事故的现象。面对实践中发现的问题，国内科研人员经过改进设备和工艺方法使高喷灌浆技术有了更新的发展，主要体现在如下几个方面。

（1）增大喷射压力，伴随着高压水泵压力增大，增大喷嘴出口压力和流量成为可能，使射流破坏能力加大，能在各种地基中形成大直径桩体和更长的板墙单体。

（2）工艺改进，把高喷灌浆技术与深层搅拌技术、超高压射流技术、超声波检测技术结合起来，把高喷灌浆技术应用到了各种复杂的地质条件和工程技术条件之中。

（3）固化材料的改善，提高高喷固结体的整体质量的关键措施，就是尽量降低固化材料的水灰比，国内已成功用喷射水泥干粉直接充填被切割搅拌地层，与喷射水泥浆相比，大大提高了固结体的强度。

（4）监测手段的提升，高喷灌浆施工工艺参数由最初人工监测，手记监测结果，逐步发展为对喷射过程中的水、气、浆压力和流量，泥浆密度，灌浆管的提升、旋、摆速度等所有参数进行自动显示记录，有的甚至具备越限报警等高自动化功能。

（5）国内开发的高喷灌浆技术，在借鉴国外设备工艺方法先进性的同时，更注重考虑成本因素，摒弃盲目追求大桩径高强度增大成本的做法，研究出更适合自身使用的各式机具设备和工艺方法。

2 高压喷射灌浆机制及固结体性能

20世纪70年代，高喷灌浆是在化学灌浆、劈裂灌浆及岩石帷幕灌浆基础上发展起来的地基处理技术。它彻底改变了化学灌浆的浆液配方，以水泥为主要原料。将劈裂灌浆或帷幕灌浆封孔口闭浆改变为开孔灌浆，这样做目的是改变封闭式灌浆利用小的压力将浆液材料挤压到地层缝隙（孔隙）而改良地基结果，利用开孔灌浆便于提高灌浆压力而不破坏构筑物或地基结构的特性，将压力提高到足以切割搅动一定距离范围地层，在该范围充填固化浆液形成桩或墙体，达到加固地基的目的。当然这种方法是在一定地质条件下适用的。

高喷灌浆工艺一般定义为利用工程钻机造孔，将底端带有高压射流介质喷嘴（单一或组合一起）的灌浆管置于预计的地基处理深度，调试灌浆管的升速、转速及喷嘴出口的压力、流量等灌浆参数达到设计要求值，然后自下而上提升灌浆管，进行连续不断的喷射灌浆。在灌浆管提升（旋、摆）过程中，喷嘴喷出的高压介质细射流冲切破坏地层土体，并将剥落下来的部分细颗粒顺孔壁升扬到地面，同时灌入液态固化介质在射流作用范围内与扰动的地层土掺搅混合，形成具有一定形状的固结体（桩或板）。单元孔形成的固结体相互交接在一起，构成连续的桩或板墙。

高喷灌浆与静压灌浆不同之处在于，高喷灌浆采用了数十兆帕的射流机制，达到灌浆的目的。所喷射的介质，在单、双管喷射中，直接喷射固化材料（浆液）灌浆，在三管喷射中，则喷射高压水，用以切割地层后，充填以固化材料灌浆。为了减少射流能量的衰减，在二、三管喷射中增加了压缩空气流束的喷射。目前在高压喷射流的研究方面，国外如美国、俄罗斯、日本、英国等，更注重研究使用有效射流技术于各种领域，如石料切割、核反应堆废料切割、钢材切割、煤层切割、船体除锈等方面。国内更偏重于对高压水细射流的研究，除了研究如何充分地利用射流能量外，对于射流的形式也做了多项试验，如脉冲、合成、气蚀、研磨、气水等射流试验，总之目的是提高射流的效率。

2.1　高压喷射流的结构

2.1.1　高压水细射流的喷射状态

高喷灌浆主要是利用高压水细射流切割、掺搅土层，用固化剂灌浆，满足工程设计的要求。高压水细射流来自高压水泵，由泵流出的水射流具有高的势能，它经过管道末端极细的喷嘴（直径 1～4mm）喷射出后，其势能变成动能，流速急剧增加，其流速与势能的关系如下：

$$U=\sqrt{\frac{2P}{\rho}}$$

式中：U——流速；

　　　P——水压力；

　　　ρ——水密度。

当水射流冲击某一介质时，使介质产生冲击变形，冲击破坏简明公式为 U/V，V 为介质弹性波速，对于特定介质为固定值。当 U 增大时，冲击变形亦大，直到介质破坏。增大 U 的途径是增加水压力 P，但是增加水压力除受高压水泵自身功率限制外，压力过高将改变射流的结晶态。一般来说 0℃的水在 P=700MPa 压力喷射下，水射流的速度约为 1200m/s，但此时液态水如不予先加温，将变成固态，失去切割掺搅地层作用。因此需寻求其他增加高压水细射流破坏介质途径。

研究高压水细喷射流在空气中喷射状态，是提高水射流破坏压力的重要途径。首先设定假定条件：①喷射流不与四周空气混合；②射流边界各处是大气压力；③忽略摩擦力；④喷头上无外力作用；⑤喷嘴出口处流量是均为的。研究表明：高速水射流在空气中喷射出后，即与周围的空气介质发生微团间的横向动量交换和质量交换，使空气不断掺入水射流中。一般可以把高压水射流结构分成如图 2-1 所示的 3 个区域。

（1）初期区域

其特点是在射流轴线附近形成一个等动压核，在核内动压不变。在等动压核外，垂直射流轴线方向，高速水射流逐渐与周围空气互相作用，而分散成大小不等的水滴，其水滴的颗粒越远离射流轴愈细小。以 B-B 线为边界的远离喷嘴端形成射流主段（略去射流迁移段），在本段射流的轴心动压逐渐降低，空气不断侵入，乱流充分发展，形成粗细不均匀的水滴，愈远离 B-B 线及射流轴线水滴就愈细，直至形成雾状。

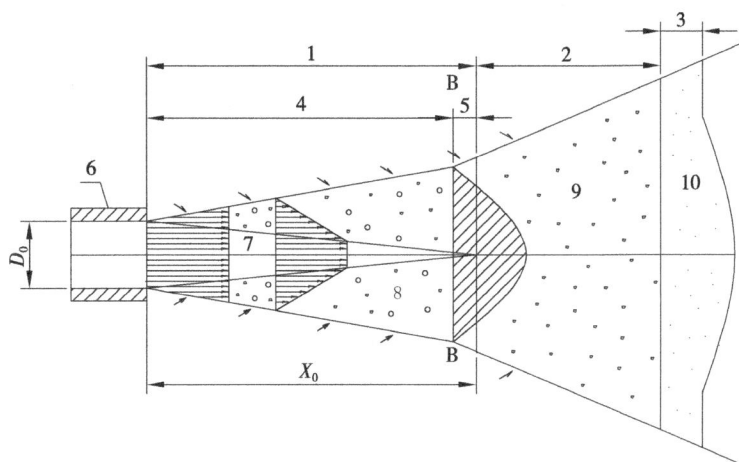

1.初期区域　2.主要区域　3.终了区域　4.喷流核　5.迁移段
6.喷嘴　7.等动核　8.粗水滴　9.细水滴　10.雾化水滴

图 2-1　喷射流结构

包括保持喷嘴出口压力的喷流核和迁移段。喷流核轴向动压是常数，速度是均匀的，保持着高速向前延伸状态，由于边界气流的掺入，这一部分越来越小乃至消失。迁移段在喷流核末端又称过渡区，其扩散宽度稍有增加，轴向动压有所减小。根据试验在空气中喷射 $X_0 = (75 \sim 100) D_0$，在水中喷射 $X_0 = (6.0 \sim 6.5) D_0$，式中 D_0 为喷嘴直径，在空气中射流的初期区域的长度比在水中长 10 倍以上。

（2）主要区域

这一区域轴向动压陡然减弱，喷流扩散宽度和距离的平方根成正比，扩散率为常数，在土中喷射时喷射流的混合搅拌在这一区域内进行。

（3）终了区域

喷射流能量衰减很大，成为断续流，末端呈雾化状态，这一区域喷射流能量小。

旋喷加固的有效长度为初期区域和主要区域长度之和。若有效长度愈长，则搅动土的距离愈大，桩的直径也大。在不同介质中，高压喷射的有效长度是不同的，在空中喷射时阻力小，射程远；在水中射流时由于射流扩散快，动压骤减，有效射程很近；在土中射流时由于有地下水和破碎土浆混合成黏度高的液体，阻力更大，更差 [2]。

2.1.2　高压水细射流与气同轴喷射状态

高压水细射流在不同介质中喷射，其能量衰减是不同的，水射流在空气中、水中喷射动能衰减如图 2-2 所示。图 2-2 表明喷射流轴上动水压力和距离的关系，当在空气中以 20MPa 压力射流时，在距喷嘴 3～5cm 范围内可保持压力不变，在 8～10cm 以外，压力逐渐下降，当距离 40～60cm 时压力明显衰减。在水中喷射距喷嘴 4cm 以内压力可维持 20MPa，超过 4cm 喷射压力急剧下降，使冲击破坏有效射程缩短。为改善这一情况，日本学者 H. 义马在空气中、水中及膨润土泥浆中对射流特性进行研究试验表明：如果在喷嘴周围设一环形缝隙，与射流同时喷射出空气，使射流束被空气包围，则射流的破坏能力和作用距离将大大提高。

在水、气同轴喷射中，空气流的流速及流量影响着水射流动能的衰减。研究表明，当空气流速度大于 1 马赫（约 340m/s）时，气流截面呈收缩形；流速小于 1 马赫时，气流截面将出现扩散状态；流速等于 1 马赫时，气流截面不收缩、不扩散，是射流最佳状态。另外，当空气的流速由 0 增加到 0.5 马赫时，水射流的射程增长率最明显，而超过 0.5～1.0 马赫时，射距增长率逐渐减小。因此从效率的意义上讲，工程实用一般把空气流速度控制在 0.5～0.6 马赫较为合理。此时空气流速度为 170～200m/s。另外，空气量对高速水射流动能的衰减也有较大影响，试验证明以 20MPa 的水压力下，气流量为 0 时的射距为 1m，气流量为 0.4m³/min 时的射距为 2.5m，气流量为 0.8m³/min 时的射距为 4m。

H. 义马对采用空气束包围水射流束提高射距的研究，在工程实践上有很大的实用价值。当水与气同轴喷射时，大大地提高了射流束的距离，并指出，如果空气射流的速度接近声速，气流就不会迅速扩散开，而保持在水射流的范围（水流构成中心），这两种物质像一股致密的射流喷出去，直至速度完全减小为止。

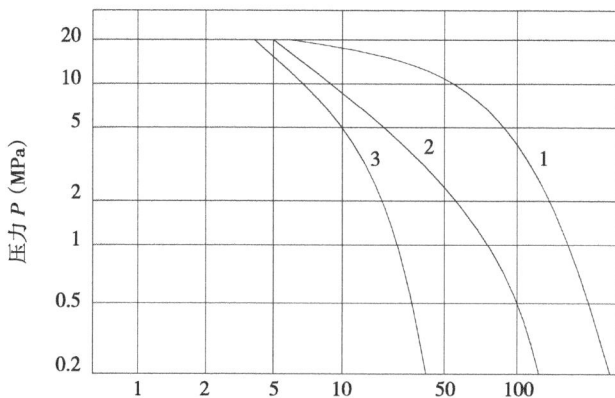

1.水射流在空气中喷射　2.水气同轴射流在水中喷射　3.水射流在水中喷射

图 2-2　喷流轴上动水压力与距离的关系

三重管旋喷试验法就是依据上述理论和试验，实现了水气同轴喷射。喷射流的结构与单管旋喷法浆液喷射流的结构相比，其初期区域的长度 X_0（m）可按在空气中射流计算 $X_0=(90\sim120)D_0$（式中 D_0 为喷嘴半径），或 $X_0=0.048V$［式中 V 为水喷嘴的初期速度（m/s）］计算。当水、气射流加固地基，使用的水气射流初期速度为 200m/s 时，它的初期领域长度 X_0 为 10cm，而单独喷射水流时初期领域 $X_0=1.5$cm。水气射流初期区域增加了 7 倍，因此三重管法可以比单管法得到更大的喷射效果。

2.1.3　喷嘴的结构对射流影响

根据实验室研究证明喷嘴内部的流道形状以图 2-3 所示为最佳。当喷嘴内表面形状及光洁度满足要求时，这种收敛圆锥形喷嘴的流量系数可以达到 0.946，流速系数 0.961，可以最大限度地降低高速水动能消耗。同时有试验证明，在进入喷嘴的流道中，增加稳流器以改善水流状态，可以使射程更远。图 2-3 所示米字形稳流器（外形）在破坏水涡流改善水流状态方面优于环形稳流器。总之这些研究的结果，都指导人们在施工中要选用设计合理、制造精密的喷嘴，才能有效地利用水射流能量。例如，喷嘴的端部在图 2-3 的 A 点部位，应保持 90°，当 A 点部位因施工射流磨损而形成圆角时，喷嘴的效率将大为下降，应及时更换。现在已普遍采用硬质合金或陶瓷等材料生产喷嘴，这是非常必要的。

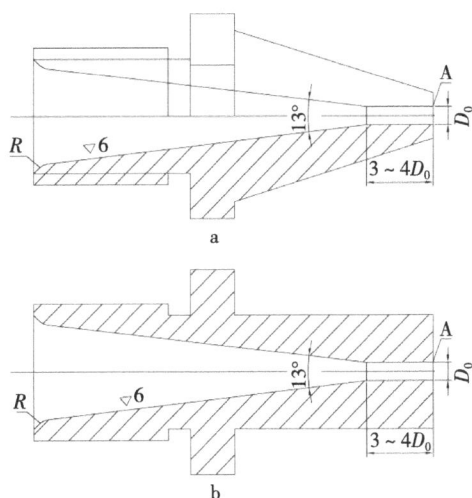

R.喷嘴入口圆角直径　D_0.喷嘴出口直径　▽.光洁度
a.两管、三管喷嘴　b.单管喷嘴
图 2-3　两管、三管及单管喷嘴流道示意图

喷嘴射流对地层切割的破坏能力主要由喷射介质密度、喷嘴出口面积及射流速度因素决定，其破坏力与各因素关系如下[3]：

$$F=\rho A V^2$$

式中：F——破坏力（MPa）；

ρ——喷射介质密度（kg/L）；

A——喷嘴的截面积（m^2）；

V——射流的平均速度（m/s）。

当射流介质为水泥浆或者是含有砂粒的水（所谓射流中的磨料）时，由于 ρ 值的增大，可以使 F 值增加。喷嘴的截面积、射流流量及射流速度与射流压力相关，因此讨论 A 值与 V 值实质上是射流的流量与压力，公式表明增加 V 值，由于其二次方的关系可以得到事半功倍的效果。因此只要不使射流雾化，提高射流压力，增加射流流速，可以得到较大的 F 值。

随着高喷施工技术的推广，人们对高喷机制研究的重要性的认识愈加深刻。近年来有的单位已对三管喷射的水喷嘴形状做了较深入的研究，得到了与图 2-3 相似的最佳水喷嘴内部尺寸。有的煤炭系统的研究人员在研究高压水细射流落煤技术的同时，专门在实验室研究了水喷嘴的稳流结构。另外水利科研人员也曾对水喷嘴与浆喷嘴相对最佳位置的问题进行过专门的试验。但是，就高喷技术加固地基而言，最主要的仍然是射流切割土层的机制与提高喷射流破坏地层效率的问题。

2.2　高压喷射流破坏土体机制

由于土体的物理力学性质差异性较大，射流破坏土体机制比较复杂，目前公认的破坏机制有以下几个方面。

2.2.1　射流的切割破坏作用

高压喷射流对土体的切割破坏作用，因土的物理性质不同而有很大差别，其机制在理论上尚未充分探明，目前认为破坏土壤的主要因素有：

（1）射流的动压

按照伯努力定律，当具有一定流速（V_0）和压力（P_0）的射流向土体喷射时，土体的前缘承受压力 $P_i = P_0 + \frac{1}{2}\rho V_0^2$ 称为动压力或速度压力，流速越大，则动压力越大，由动压力引起的地基应力超过地基土的破坏强度就会发生破坏。

（2）射流的脉动负荷作用

在射流的脉动冲击下土体剩余变形逐渐累积导致破坏。

（3）水锤作用

断续的喷射流正面冲击土体产生水锤作用，并产生破坏土体效应。

（4）气蚀作用

土壤未出现孔隙时，由于压力变动类似气蚀作用，产生频率高、瞬间压力很大的冲击，冲成空洞并发生乱流现象，剥离土粒。

（5）水楔效用

喷流介质楔入土壁，产生垂直于射流方向的反作用力的土壁裂隙引起扩张。

以上5种效应综合起来对土体产生切割破坏作用，其中起主要作用的是高压射流的动压。强大的射流作用于土体，将直接产生冲切地层的作用。射流在有限的范围内，使土体承受很大的动压力和沿孔隙作用的水力劈裂力以及由脉动压力和连续喷射造成的土体强度疲劳等综合作用，造成土体结构破坏。

2.2.2　混合搅拌作用

在旋转提升过程中，在喷射流的后部形成孔隙或比较松散的部分，这时在喷射流的压力下，迫使土粒向着与喷嘴移动方向相反的方向即阻力较小的方向移动，与浆液搅拌混合形成新的结构。在射流产生的卷吸扩散作用下，使浆液与被冲切下来的土体掺搅混合。

2.2.3　升扬置换作用

升扬置换作用在三管灌浆中体现突出，所以三管法又称置换法。所谓置换作用，就是高速水喷射流切割土层的同时，又把一部分切下来的土粒排出地面，土排出后所空下的体积由注入的浆液填充进去。三重管法切割土的是外裹压缩空气的高速水喷流而不是浆液射流，这就有条件使排出物中土的含量占绝大部分。而在单管和双管法中，切削土的是浆液本身，排出物中土的含量不占绝对多数，和存在地基中的成分是一致的，所以单管法或双管法虽也向外排出，但不能称之为置换。在置换的过程中，压缩空气起到重要作用，它与带有土粒的水浆混合，成为泥水空气混合物，其比重较轻，在一定剩余压力的作用下，沿钻孔与灌浆管间隙排出地面。同时，浆液被掺搅灌入地层，使地层组成成分产生变化。升扬置换是高喷灌浆至关重要的作用，可改善和提高浆液灌注的密实性和强度。如果废弃排出地面的浆液会造成很大浪费，应尽可能回收利用。

2.2.4 充填固结作用

浆液在孔内受到泥浆泵压力、自重压力和高压喷流负压吸力的作用，迅速充填冲开的沟槽和土粒的孔隙，浆液本身也会随着时间的增长而析水固结，这时应注意及时向孔内补充浆液填满析水后形成的空隙，防止塌落和缺浆现象。

2.2.5 渗透固结作用

喷射灌浆过程除在冲切范围内形成固结体外，还可以向冲切范围以外产生浆液渗透作用，形成渗透凝结层。这种作用是由于浆液在边缘区存在一定的静压，可以渗入砂层内一定厚度而形成固结体，其厚度与土层的组成和浆液的性质有关。在渗透性较强的砾卵石地层可达 10~15cm 厚；在渗透性较弱的地层，如细砂层厚度则很薄，一般为 3~5cm，在黏性土，不产生渗透凝结层。当浆液向两侧渗透作用停止或不产生浆液渗透作用时，则在射流冲切范围周侧产生明显的浆液凝固层，可称作挤压层或浆皮层。

2.2.6 压密作用

高压喷射流在切割破碎土壤的过程中，在破碎部位的边缘还存有一定剩余压力，射流束末端虽不能冲切土体，但对周围土体产生挤压力，这种压力对土层可以产生一定的压密作用。并使固结体边缘部分的抗压强度高于中心部分。同时，喷射过程中及喷射结束后，静压灌浆作用仍在进行，在灌入浆体的静压作用下，对周围土体及灌入浆液将不断产生挤压作用，促使凝结体与两侧的土体结合更为紧密[4]。

2.2.7 位移袱裹作用

在射流冲切掺搅过程中，若遇有大颗粒如卵漂石等，则随着自下而上冲切掺搅，在强大的冲击震动力作用下，大颗粒将产生位移，被浆液袱裹；浆液也可沿着大颗粒周围直接产生袱裹充填凝结作用。

在关于位移袱裹作用早期研究中认为，在砂卵石地层中射流不可能射穿卵石，而必然在其背后形成漏喷的"天窗"。造成高喷防渗体的漏喷条带，影响防渗体的防渗效果。这种分析当然是有道理的，事实也会有这种现象发生。但是在高喷过后砂卵石地层开挖观测中发现，实际上在适当的条件下，高压水细射流在孔内喷射中有可能将地层中的某种粒径以下的卵石、砾石推移、翻动，而使其产生相对的位移，使浆材包裹卵（砾）石，而消灭其后面的"天窗"，该法适用于较大颗粒如砂卵石的应用。辽宁省水利水电科学研究所在1984年某水库坝后填筑的人工砂卵石地层中，进行砂卵石高喷试验时，检查被涂有标记的卵石被翻动、被推移的现象明显，并在随后近几年各地的施工中得到证明。因此可以说，在砂卵石地层进行高喷完全有可能形成质量较高的防渗体。

　　由以上各种作用形成的旋喷桩固结体的典型断面如图2-4所示，其中在砂性土形成桩体由核心固化主体部、内层掺搅混合部、中层压缩部和外层的渗透部组成，在黏性土中没有浸透部。实际应用中桩体核心、内层和中层是旋喷桩的有效部分。

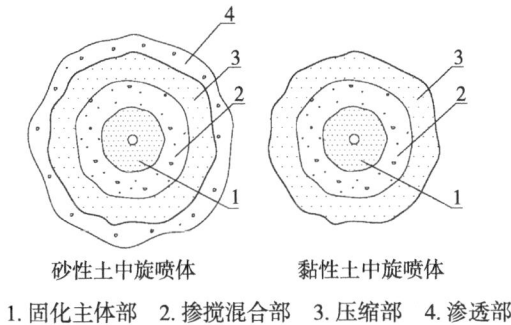

砂性土中旋喷体　　　　黏性土中旋喷体

1. 固化主体部　2. 掺搅混合部　3. 压缩部　4. 渗透部

图2-4　旋喷桩固结状况

　　板墙断面结构与旋喷桩相似，但核心固化主体部内也存有少量土砂粒混合物，内层搅拌混合部为实际应用板墙搭接的有效部分。压缩部因墙较薄，有时不明显。在砂层则还存在明显的浸透部，如图2-5所示。

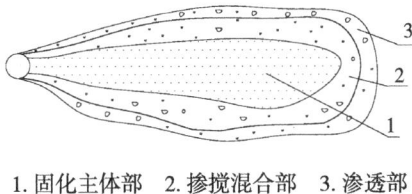

1. 固化主体部　2. 掺搅混合部　3. 渗透部

图2-5　在砂质土中喷射板固结状况

　　因此，把高喷射流破坏、切割土体的机制归纳为由于动压、气蚀、水楔、冲击、脉动荷载等现象，产生切割掺混、升扬置换、充填挤压、渗透凝结、位移袱裹等作用，使被破坏的土体掺混浆材，形成固结体。

2.2.8　空气抽吸泥浆作用

压缩气由喷嘴喷出后，在孔内减压，体积骤然膨胀。这些气体与孔中的泥浆在浆管与孔壁的环形空间可形成高速液流。如果液流速度大于颗粒在静止液体中自由下沉的速度，即大于液流的临界速度的临界时，孔中被水、气射流破碎的土粒，便可被不断地带到地面上，这就是所谓的"气泵"作用。其中液流临界公式为：

$$\omega_{临界} = K\,\frac{d\,(r_2 - r_1)}{r_1}$$

式中：$\omega_{临界}$——液流临界速度（m/s）；

$\quad$ K——速度系数，通常取决于砂粒的形状与大小，如球状 $K=2.73$，长方形 $K=2.37$，扁平状 $K=1.92$；

$\quad$ d——砂粒直径（mm）；

$\quad$ r_1——泥浆比重；

$\quad$ r_2——砂粒比重。

在一定气压下，"气泵"对孔中泥浆的抽吸（或上举、挟带）能力，随喷气量加大而增大。试验表明，当气量增大到一定数值时，邻孔未固结的喷射体也能被抽吸（图 2-6），当气量大时，往里抽吸浆液；当气量小时，往外喷出浆液，可见抽力之大。因此，对适合的地层，控制喷射气量，边切割、边将大部地层泥沙排出地面。再在水、气喷嘴下部的一定深度上，使用高压泥浆进行水（或泥浆）下喷射（图 2-7），就可能形成高质量的固结体。

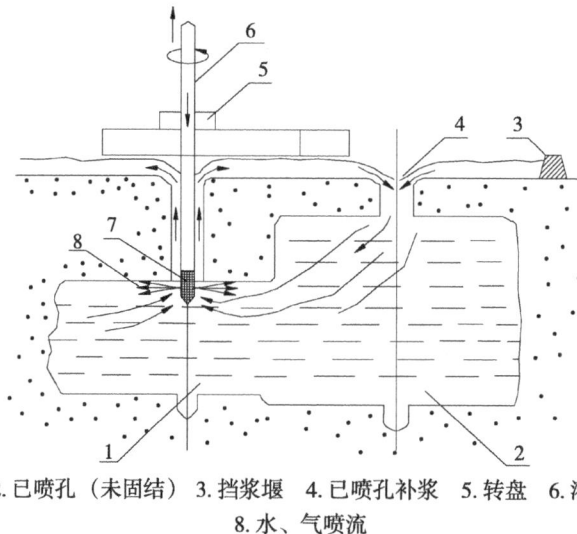

1.喷射孔　2.已喷孔（未固结）　3.挡浆堰　4.已喷孔补浆　5.转盘　6.灌浆管　7.喷头 8.水、气喷流

图 2-6　"气泵"抽吸泥浆作用示意图

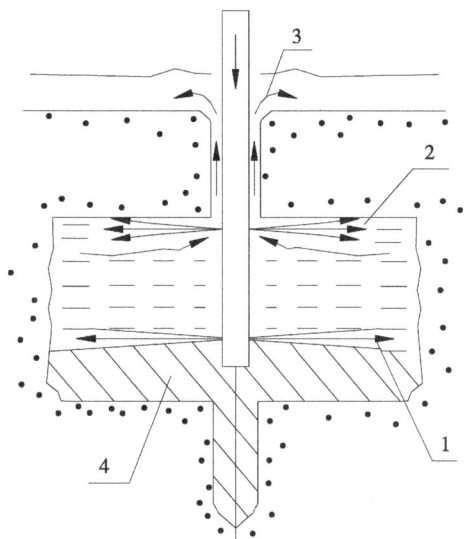

1.浆射流　2.水、气射流　3.孔口返浆　4.固结体

图2-7　置换喷射示意图

2.3　固结与硬化过程

高喷灌浆在地下形成的水泥与地层土混合物的硬化机制，既与常规混凝土不同，也有别于碾压式水泥土。高喷固结体的固化是水泥水化作用，水化物与土体相互作用以及混合土体的排水固结等复杂过程。

根据美国波特兰水泥协会（PCA）的研究，认为少量的水泥之所以能赋予水泥土一系列优良的建筑特性，是通过下列机制实现的：每颗水泥的周围集聚起不同数量的土粒（依水泥和土粒的颗粒大小而定）。当水泥水化结晶后，就形成了一个新的较大的土团。另外一些水泥又将这样的土团结合起来，形成水泥土"链条"，并封闭了土团之间的空隙。这样就使水泥土能长期保持良好的承载能力与抗渗性能。

实践证明，固结体中水泥含量低，固结时间就长，固结或结石强度也相应较低，而水泥含量过低（一般小于5%～10%）使其不能获得硬化条件。高喷固结体的强度，就几乎接近土体了。无论高喷固结体中水泥含量如何，因其泥浆状态水灰比大，故均需经过析水浓缩与排水固结（或结石）两个阶段。随着地下混合浆液的矿物颗粒，由松散或悬浮到密集。颗粒间的超静水压力（孔隙水压力）逐渐消散，有效应力（颗粒间的接触压力）逐渐增加，最后附加应力全部由土粒承受，超静水压力等于零（水压力与周围土体静水压力平衡），此时在某一压应力作用下的固结过程就算完成了。这个过程有时需要 1~2 年，甚至更长。实际应用中，经常遇到检测墙体、桩体不凝结或强度很低的情况，因此，对固结体强度增长周期长，特别是在水下能否凝结产生怀疑，通过以上论述和长期观测实践证明，固结是无疑的。表 2-1 列出高喷灌浆完工后，固结体龄期不长检测情况，发现板、桩未凝结或软弱等现象。表 2-2 列出长期观测试验强度增长情况。

表 2-1 中的前进排灌站工程，完工后 5d 检测未凝，长期观测试验结果见表 2-2。高喷墙原体试样的强度增长，160d 抗压强度达到 0.40MPa。李卧子、圈河、浑河闸等开挖检测的墙体，虽然均在地下水位以上，其整体排水条件好，但墙体局部夹有细粒土或水泥含量很低的细粒土，渗透性差。因此，排水固结时间很长，发现墙体的软弱夹层均属土体固结时间不足之列。

表 2-1 关于高喷固结体固化的检测情况

序号	工程名称	工程性质	地层	喷射方式	浆液比（水泥：土）	龄期(d)	所在地下水位置	采样方式	检测情况描述
1	前进灌溉站	新建	粉细砂	摆喷	1:1	5	以下	开挖	用 2m 木杆探明墙体未凝，呈稠浆状态
2	宫山嘴水库（大型）	已建	含砾亚黏土	旋喷	1:0.03	300	以下	钻孔取芯	岩芯大部分为可塑状态黏土，所有夹杂的水泥浆脉已固结
3	浑河拦河闸	已建	含砾中细砂	摆喷	1:1 1:0.05	30	以上	开挖	墙体固结，达到龄期强度。仅有局部软点，缺陷率为 0.5% 以下
4	小龙口水库	新建	含泥卵石	摆喷	1:1	150	以上	开挖	板墙已固结，在原基础上，达到设计强度
5	辽河大堤圈河段	已建	细砂	定喷	1:1	150	以上	开挖	板墙已固结，在原基础上，达到设计强度

表 2-2 高喷墙原体试样强度增长情况

序号	龄期(d)	养生条件	强度及状态描述	备注
1	5	地下水以下	稀糊状，2m 长木杆可插入土墙体	前进站工程现场测试
2	10	地下水以下	胶泥状，人可站在墙上，胶鞋印深小于 3cm。在其上浇筑混凝土，界面基本无掺混现象	前进站工程现场测试
3	25	水中	达到规范初凝标准	原体采样室内试验
4	60	水中	抗压强度 0.35MPa	原体采样室内试验
5	180	水中	抗压强度 0.6MPa	原体采样室内试验

在宫山嘴水库防渗加固工程中，先后在堤后地面及坝体基础进行了旋喷试验与施工。通过48个钻孔取芯检测表明，两处的地层岩性基本相同（含砾亚黏土）。但所形成的旋喷桩体在结构上及力学指标方面却迥然不同。试验桩龄期20d，强度可达1.5~2MPa，而坝基旋喷墙体的强度较低，仅略高于原地层土，为0.5~0.7MPa。两者差异原因主要在于地下水的影响。

坝后试验在地下水位以上，地表处于干旱少雨地区，地层土体含水量低，为坚硬状态。旋喷过程中，土体遇水崩解成粒径3~7mm小土块，部分被高压水、气流搅拌成泥浆，并与水泥相掺混，未被破碎的小土块便均匀分布在其中。这样便形成了以黏土块为"细集料"的黏土水泥"混凝土"（图2-8）。其水泥含量高，周围排水条件好，所以桩体强度高，而且增长快。

坝基的岩性虽然与坝后地面岩性相同，但前者处于地下水位以下，所以土体液性指数较高，基本处于可塑状态。所以在施工时，土体便大块地塌落于旋喷所形成的泥潭中，由于时间所限未被破碎。因此墙体材料以黏土为主，其间隙为水泥黏土浆脉所充填的结构形式（图2-9）。钻孔取芯检查表明：本墙体因主体材质是黏土所以强度较低，但其中的水泥土浆脉已达到了1~2MPa的强度（龄期10个月）。本工程也充分说明了高喷板、桩在水下固结的必然性。

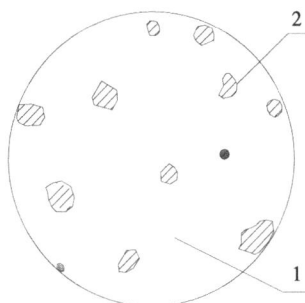

1. 水泥土 2. 黏土
图 2-8 岩芯取样描图（坝后）

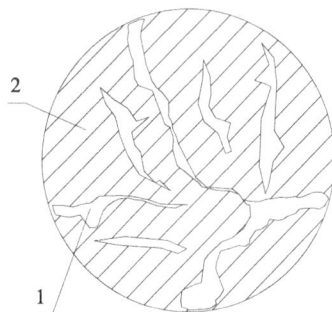

1. 水泥土 2. 黏土
图 2-9 岩芯取样描图（坝基）

2.4 颗粒地层中固结体质量

在一些砂卵石、卵漂石地层中，高喷固结体板墙、桩体的质量还有许多不尽如人意的地方，有些是固结体有别于常规材料所固有的特点，有些则是能够通过工艺技术改进解决的问题。

2.4.1　板、桩的孔洞性

根据能量守恒定律，高压水射流对地层的切割、掺搅扰动作用，主要在于高压水压力、水量以及作用时间。在粗粒地层中，即使压力、流量及作用时间足够大，诸如大颗粒背面的死角、粗粒架空、浆液不饱满、蜂窝、析水凹穴、气泡等孔洞性缺陷也都是在所难免的。但是，选择合理的施工参数，以及随着施工工艺水平的不断提高，板、墙的缺陷率以及保证使用功能的重要方面，如双排、对喷搭接等墙体结构，能有效地减少死角、架空，避免上下游贯通等缺陷，从而有效地提高了高喷技术在粗颗粒地层中运用的可靠性。

2.4.2　板、桩体的疏松性

高喷固结体是地层土与水泥等凝固材料的混合物，就其成分而言也可称为水泥土。但其结构与性能完全有别于工程所采用的碾压式水泥土、工程水泥土，水泥含量较低仅 5% ~ 15%。然而其强度很高，而且强度增长快，一般 7d 强度可达 28d 强度的 30% ~ 50%。按干土重量计，掺入 10% 的水泥，其 7d 强度一般可达 2.0 ~ 4.0MPa，其抗弯强度约为抗压强度的 1/5。特别是水泥土的抗冻融和抗干湿循环的能力较强。试验证明掺 7.5% 以上水泥后，就可以抵抗 12 次冻融和 12 次干湿循环。这种可贵的性质关键在于水泥与土的均匀混合和充分密实。

与此相反，高喷中水对浆液的稀释大大提高了喷射体的水干比（一般增加 4 倍）。同时分散含于其中的部分喷射气体均使得粗颗粒地层的固结体水泥分布极不均匀，整体结构很疏松，因而其抗干湿循环性能自然很低（表 2-3）。实验表明，水泥平均含量为 15% ~ 20% 的高喷固结体试件，无论是干样还是湿样风干后，大部都遇水崩解，即其干湿循环次数小于 1。

表 2-3　高喷固结体与水泥土性能对比

类别	形成	水泥分布	结构	水泥含量	水干比	相对密度	干湿循环次数
水泥土	水泥与土混合均匀、碾压（捣实）	均匀	密实	1.5%	0.15 ~ 0.25	>0.7	12
高喷固结体（卵石、漂石层）	喷射切割、掺混、沉积	不均匀	疏松	15% ~ 20%	1.5 ~ 2.5	<0.4	<1

解决固结体结构疏松的途径,很重要的因素是努力降低喷射体的水灰比,增加水泥含量。降低水灰比的措施目前有两种:一是使用高压水泥浆代替高压水切割地层,具体见第8章单独介绍。二是用水泥干粉喷射,在三管高喷中,由于高压水的掺入,对固结体的物理力学性质如强度、抗渗性等有影响,为了降低水灰比,科研人员已研究出水泥干粉喷射方法。如早期日本的某工法就是利用改性水泥,采用干式灌浆法,灌注基岩裂隙。这种灌注干粉的方法后来用于高喷灌浆。我国在高喷灌浆中,对灌注水泥干粉有不少施工单位进行尝试,取得很好的效果,对改善高喷固结体质量效果显著,如辽宁水科院干粉入地层装置,工艺流程如图2-10所示。

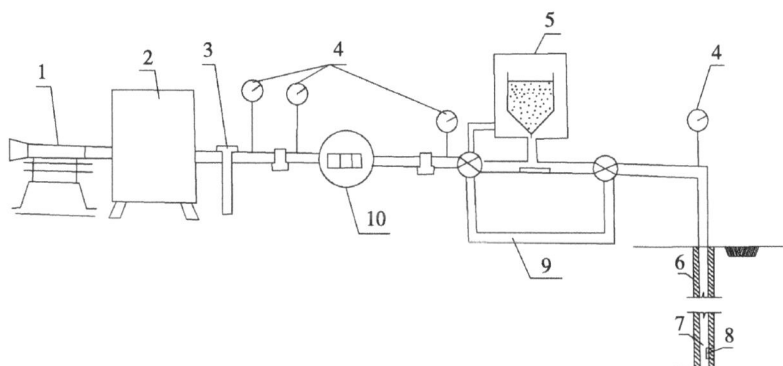

1. 空压机 2. 储气罐 3. 过滤器 4. 压力表 5. 送料器 6. 护管
7. 喷入干粉 8. 压力传感器 9. 送气管路 10. 流量计

图2-10 干粉喷入地层装置示意图

2.4.3 板、桩材料的不均匀性

高喷固结体是地层土体与所灌注浆液的混合物,因而粗粒在板、桩体内的级配随地层颗粒级配而极不均匀地变化着。与此同时,高喷固结体粗粒间的细粒土与浆液的混合"砂浆"也不是均质的。由于喷射过程高喷槽孔中水灰比很大,所以在卵、砾石之间的"砂浆"均呈分层沉淀状态,即使在较小的间隙(3~5mm以上)中也是如此。其明显的层次粗略可分3层:砾石(或粗砂)沉于下层;粗砂(或中砂)居中;水泥、黏土粒混合物充填于砂砾层孔隙之间,并沉于"砂浆"上层,谓之为"浆皮"。此外,在其上表面与大颗粒(卵、漂粒)间的接触面之间,常存在着大小不同的析水凹穴。

从抗渗性能来讲,水平沉积状态的中、粗砂砾固结体是不高的,10^{-5} ~

10^{-4}cm/s，但浆皮的抗渗性却很高，渗透系数可达 $10^{-7}\sim10^{-6}$cm/s，颗粒极细、致密的"浆皮"类似于早期人们所认识的"泥皮"，在构筑混凝土防渗墙时，造成泥浆在墙体外形成一层"泥皮"，这层"泥皮"与墙体联合防渗的水力梯度，可超过防渗墙实际采用值的 100 倍左右，如表 2-4 所示。对于高喷灌浆在砂砾石、卵漂石中形成的防渗体而言，"浆皮"的防渗作用不仅在于整体板墙的外表面，更主要的作用还在于附裹在粗粒表面的，以及充填于其向细小缝隙中的"浆皮"，所形成的空间网络结构。在辽宁浑河闸、李家湾、小龙口以及新疆塔斯特等工程的原体试验表明，这种网络结构可使极不均质、疏松的地层墙体获得较高的抗渗性能，渗透系数 K 值可达 10^{-6}cm/s。

表 2-4　黏土混凝土防渗墙的抗渗性指标

序号	工程名称	每立方米混凝土用料（kg）					水力梯度		
		水泥	黏土	砂	卵石	水	设计值	实际承受	墙体与泥皮联合承受
1	密云水库	325	75	580	1075	240	80		2000~3500
2	毛家村	378	94	534	1083	260	95		
3	月子口	278	250	535	995	343	61	500	6000
4	白龙江	238	128	635	1082	238	110		

2.5　高压喷射灌浆结构体性能

高喷灌浆形成固结体的形状和喷射流的作用方向、移动轨迹及持续喷射时间有密切关系，当喷射流做 360° 旋转时称旋喷，固结体呈圆形即旋喷桩；喷射流固定一个方向喷射时称定喷，固结体呈条形即定喷板；当喷射流做顺、逆时针方向小于 180° 往复喷射时称摆喷，固结体呈扇形即摆喷体。定喷形成条形固结体和摆喷形成扇形固结体的单体连接在一起统称板墙。旋喷桩、摆喷体、定喷板示意图见图 2-11。

上述 3 种喷射形式切割破碎土的作用以及被切割下来的土体与浆液搅拌混合，进而凝聚，硬化和固结的机制基本相似，只是由于喷嘴运动方式的不同，致使凝结体的形状和结构有所差异。

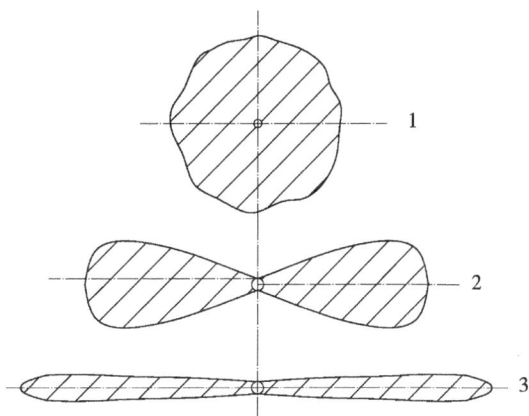

1. 旋喷桩　2. 摆喷体　3. 定喷板

图 2-11　旋、摆及定喷固结体形状示意图

2.5.1　旋喷、定喷及摆喷特点

定喷是喷射流固定在一个方向喷射，能量集中，自下而上强行切割地层形成一条沟槽，较大颗粒被射流挤压冲击在沟槽周边，沟槽内被浆液或浆液与土中的细颗粒所充填，因而形成质地均匀的板体；旋喷时，喷射流沿着自下而上和旋转的复合作用切削地层，在切割掺搅、升扬置换、充填挤压、渗透凝结、位移袄裹作用的同时，还有旋转离心力和重力作用，柱状固结体横断面上土粒是按质量大小排列的，小的在中间，大颗粒多集中在外侧，进而形成了浆液主体层、搅拌混合层、挤压和渗透层（黏性土无），其性能中间与外围有所差异。摆动喷射的固结体则介于定喷、旋喷之间。旋喷、定喷和摆喷形成固结体特点见表 2-5 及图 2-12[5]。施工开挖定喷、摆喷、旋喷墙体见图 2-13 ~ 图 2-15。

表 2-5　旋、定、摆喷的特点

喷射形式	喷嘴运动轨迹	喷头运动形式	固结体顶视图	尺寸比较及用途
旋喷	以钻孔为轴的螺旋线	边提升，边旋转	圆柱形	一般可做群桩或交圈连接成连续墙
定喷	平行或与孔轴线夹一定角的直线	只提升，不旋转	墙板形	墙板长而薄，可逐个连成地下连续板墙

续表

喷射 形式	喷嘴运 动轨迹	喷头运 动形式	固结体顶视图	尺寸比较 及用途
摆喷	之字形曲线	边提升， 边摆动	哑铃形	比定喷墙板稍短， 但厚度较大，一般 可以对接构成地下 连续墙

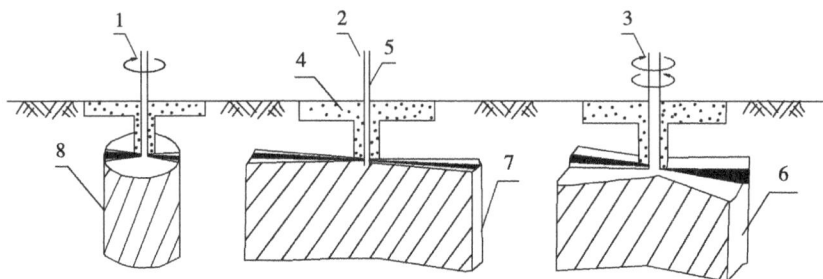

1. 旋转喷射　2. 定向喷射　3. 摆动喷射　4. 孔口返浆
5. 灌浆管　6. 摆喷体　7. 定喷板　8. 旋喷桩

图 2-12　旋、定、摆喷立面示意图

图 2-13　定喷开挖

图 2-14　摆喷开挖

图 2-15　旋喷开挖

2.5.2 旋喷桩和板墙的形成及尺寸

高喷灌浆形成的固结体用于承载、防渗工程等，其性能取决于灌注地层的岩性、灌浆材料和施工采用的工艺参数。其尺寸大小及物理力学性能要通过试验确定。

高喷灌浆固结体性能指标试验，科研和施工单位都进行很多，尤其是施工前生产性试验，根据《水电水利工程高压喷射灌浆技术规范》（DL/T5200—2019）规定，都必须在施工前或施工初期进行，以确定设计选用各种高喷灌浆参数的合理性并进行优化。生产性试验最重要一环是对固结体的开挖，可直观检查固结体的性状及尺寸。

在开挖呈现固结体中可以清楚看到，其中除了固化的浆材，还含有土层中的砂土、土屑团块，以及细微可见的气泡。浆材水泥在土中固化是一个复杂的硬化过程，水泥自身水化硬化的机制尚没有统一的成熟的理论。土体的成分复杂，更难用简单的固化反应来解释清楚。高喷固结体的强度增长，一般要持续3个月甚至到6个月，远比水泥硬化时间要长，说明其机制不尽相同。在电子显微镜下观察固结体的固化时发现，水泥固化时产生的钙矾石，不但固结了土体中的自由水，也由于其自身的吸水结晶膨胀而挤密填满了土颗粒的孔隙，改变了固结体的强度。

关于固结体尺寸主要由两个条件决定。

（1）不同的施工技术参数的影响

高喷灌浆施工中的技术参数，可分为喷射参数和运动参数。以三重管喷射水、气、浆为例，喷射参数包括水、气、浆的喷射压力和流量。其中以水、气的压力和流量变化，对固结体尺寸大小影响最大。当水、气的压力和流量大时，固结体尺寸大，反之亦小。浆的喷射压力，一般以满足其沿程压力损失即可，而流量应满足设计固结体尺寸要求。运动参数是指灌浆管的提升和旋转速度而言，一般讲运动速度低，固结体尺寸大。

（2）不同地质条件的影响

影响固结体性质的地质条件固然很多，主要的应该是土层的岩性。含砾石条件及含水情况，在相同的施工技术参数下，在砂土地层喷射形成的固结体尺寸比黏性土层的大一些。以定喷为例，在砂土层喷射的板墙厚度，可能比黏性土层中厚2倍以上，固结体的强度也不同。当地层中粒径大于10cm的砾石，含量超过40%时，一般不可能形成强度较高的固结体。而且抗渗性也不高。当地层中含有少量砾石，其位置距喷嘴比较近（0.6～1.0m），一般来说射流可能包裹整个砾石，而不影响固结体整个强度和抗渗性。在同一钻孔中，以相同的施工技术参数进行喷射，固结体尺寸也会有出现上面大下面小的现象，说明施工中应该考虑土压力对固结体尺寸的影响。在砂土地层中喷射，地下水位对固结体尺寸也有影响，一般说地下水位以下尺寸大，有时定喷墙板的厚度尺寸相差1倍以上。

表2-6列出不同的地层中，采用不同的施工技术参数，在地下形成的固结体尺寸，而不同地层旋转喷射参数与固结体尺寸如表2-7所示。

表2-6　主要施工技术参数对固结体尺寸的影响

类别	岩性	喷射形式	水压力 (MPa)	气压力 (MPa)	升速 (cm/min)	墙板长度（直径）均值 (m)	墙板厚度 (cm)
不同水压	细砂（含薄层亚砂土）	定喷	15.0	0.7	10	1.60 ~ 2.30	13 ~ 25
			25.0			2.20 ~ 3.45	19 ~ 28
	第三系半胶结细砂岩		18.0	0.5	8	1.75	16
			25.0			2.50 ~ 3.60	20
	含风化沙壤土	旋喷	18.0	0.7	24	0.86	—
			25.0			0.88	—
不同气压	细砂	定喷	26.0	0	16	0.50 ~ 0.90	15
				0.3		2.60 ~ 2.70	8 ~ 9
	细砂（含薄层亚砂土）		25.0	0.5	24	1.63	8
				0.7		1.80	13
	中细砂（含砾）		28.0 ~ 29.0	0.3	16	2.50	14
				0.5		2.90	15
不同升速	细砂（含薄层亚砂土）	定喷	15.0	0.7	10	1.60 ~ 2.30	13 ~ 25
					22	1.20	9 ~ 11
					30	1.07	7 ~ 9
备注			旋喷转速为 7.8r/min				

表2-7　不同地层旋转高压喷射灌浆参数与固结体尺寸关系

序号	岩性	水压 (MPa)	气压 (MPa)	浆压 (MPa)	升速 (cm/min)	转速 (r/min)	直径 (m)
1	含风化砂的壤土	25.0	0.7	1.0	22	5.5	0.6 ~ 0.9
2	含砾的亚砂土	28.0	0.6	0.2 ~ 0.3	8	6.5	0.7 ~ 1.0
3	分选不良的粗、中、细砂土	25.0	0.6	0.3	15	5.5	0.6 ~ 0.8
4	第三系半胶结细砂岩	29.0	0.5	0.5	5	5.3	0.9 ~ 1.1

关于固结体尺寸总结如下，高喷灌浆形成固结尺寸与喷射水压力和喷射作用持续时间关系最密切，相同地层喷射压力越大，喷射持续时间越长，即灌浆管提升速度或旋转速度相对较低时，形成固结体单体尺寸长、桩径大。一般而言在水压力为 25 ~ 35MPa，提升速度为 12 ~ 16cm/min 的喷射条件下，对于易喷的细颗粒松散地层，如砂层、砂砾石层等，定喷可形成长 2.5 ~ 4.0m、厚 15 ~ 20cm 的板状体，旋喷可形成直径为 1.3 ~ 1.5m 的柱状体（旋喷桩）；对于难喷地层，如黏性较大的致密黏土层，往往消耗喷射能量较大，定喷有效延伸长度一般能达到 1.5 ~ 2.0m，厚度为 7 ~ 12cm，旋喷桩直径在 0.8 ~ 1.2m。摆喷在地层中形成固结体有效长度、厚度介于定喷与旋喷之间。因此对于某一特定的加固地层，只要选择适当的孔间距和设备参数，各孔间形成的固结体便可以某种形式连接在一起，构成完整的防渗体[6]。

2.5.3 旋喷桩和板墙的性能指标

高喷固结体由灌浆材料与组成地层的颗粒混合胶结而成。通过大量的试验后现场开挖及围井注水、压水试验表明：用水泥浆在砂砾石层中定喷形成复合结构的水泥砂浆固结体，中间包裹一层水泥成分含量很高的板体核，两侧为水泥砂浆凝结层，整体渗透系数为 $i \times 10^{-6}$ ~ $i \times 10^{-5}$cm/s（i 为 1 ~ 10 区间值），破坏比降为 860 ~ 980。用水泥浆在黏土层中定喷形成固结体性状相当于水泥土，没有明显的渗透凝结层，板体在两侧土层挤压下，结合紧密，成为具有明显边界的防渗体。其渗透系数达 $i \times 10^{-7}$cm/s，破坏比降为 150 ~ 210[7]。

高喷固结体的弹性模量较低，均值在 10^3 ~ 10^4MPa，接近于地基土的弹性模量，因而具有较强的变形适应性。固结体的抗压强度因地层不同差异性较大，使用浆液不同也一定程度上影响固结体强度。就使用纯水泥浆（42.5 级普通硅酸盐水泥）在砂砾石地层喷射，固结体无侧限抗压强度可达 3.0 ~ 12.0MPa，黏性土中固结体无侧限抗压强度可达 1.5 ~ 3.5MPa，淤泥质地层固结体抗压强度最低，无侧限抗压强度可达 0.5 ~ 1.2MPa。因此高压喷射灌浆处理地基后，完全可以满足各种建筑物对地基的沉降变形和稳定的要求[8]。高喷板墙在不同地层的渗透性和强度达到的指标如表 2-8 所示。

表 2-8 高喷板墙两项性能指标

地层岩性	渗透系数 K (cm/s)	抗压强度 R_{28} (MPa)	备注
粉土层	$i \times 10^{-6}$	1.0 ~ 4.0	
砂土层	$i \times 10^{-6} \sim i \times 10^{-5}$	3.0 ~ 10.0	i 为 1 ~ 10 区间值
砾石层	$i \times 10^{-6} \sim i \times 10^{-5}$	4.0 ~ 12.0	
卵（碎）石层	$i \times 10^{-5}$	4.0 ~ 15.0	

2.5.4 旋喷桩复合地基

旋喷桩加固软土地基，桩体与被加固的土体所组成的地基称作旋喷桩复合地基。这种由两种不同性质的材料组成的复合体在荷载作用下，保持共同承担荷载作用。旋喷桩复合地基载荷试验，我国《建筑地基处理技术规范（JCJ79—2012)》规定复合地基承载力标准值应按现场复合地基承载试验确定。载荷试验的方法按《规范》附录一规定的要点执行。这些要点与天然地基的载荷试验基本相同。其中分单桩复合地基与多桩复合地基承载试验。多桩复合地基承载试验的加载量极大，具体执行困难且不甚安全，除特殊要求外一般很少采用，一般多进行单桩与桩间土的载荷试验，即单桩复合地基载荷试验。

2.5.4.1 单桩载荷试验

通过对旋喷桩进行单桩载荷试验，以探求在竖直荷载作用下，旋喷桩的承载特性及其加固原理。试验对不同水泥掺量的旋喷桩固结体材料做了以下 3 组试验。

（1）不同水泥掺量的单轴抗压试验；

（2）不同水泥掺量的单轴弹性模量试验；

（3）单一水泥掺量的高压三轴试验。

在数据处理中，将应力圆包络图简化为公切线，计算公式为：

$$\tau = C + \sigma \tan \varphi; \quad \frac{\sigma_1 + \sigma_3}{2} = C \cdot \cos \varphi + \frac{\sigma_1 + \sigma_3}{2} \sin \varphi$$

式中：τ——剪切应力；

C——内聚力；

σ——有效应力；

σ_1——大主应力；

σ_3——小主应力；

φ——内摩擦角。

　　影响旋喷桩性能的有地层颗粒组成、工艺参数、灌浆材料等各种因素，为简化试验，选择一种变参量，其他影响参量不变的试验模式，以便于分析旋喷桩的基本性质。试验中的旋喷桩从不同水泥掺量进行高喷灌浆试验获得，试验地层均为砂质地层，高喷灌浆水压力为30MPa，灌浆管提升速度为12cm/min，旋转速度为8r/min，采用水泥黏土浆材料，水泥标号为PO42.5级，旋喷注浆深度为7.5m。龄期60d后进行表面开挖，桩径为0.95～1.12m。使用工程钻机取样，岩芯管直径为108mm。样品送入实验室后经过二次钻取、切割、顶底面抹平及养护等制作过程后，形成直径40mm、高80mm标准样进行预先设计3组试验。各组试验获得的旋喷桩性能指标如下表2-9所示。此外旋喷桩试验样品钻取过程中，不要选取桩的中心及桩的边缘等不具代表性位置，一般选取桩半径1/2位置代表桩体的平均性能。

表2-9　旋喷桩室内载荷试验的基本性质

水泥渗量 （%）	浆液配比（重量比） 水泥：黏土：水	单轴抗压强度 （MPa）	弹性模量 E（MPa）	内聚力 C（MPa）	内摩擦角 φ（°）
15	1：2：3.5	1.50～2.12	2856～3680		
25	1：1：2	3.20～3.18	4570～5040		
35	1：0.5：1.4	4.08～4.70	8190～7900	0.85	35.7

2.5.4.2　复合地基的室内模型试验

（1）试验方案

　　为了使本试验纯化，应用了单因素试验方法，分别进行了以下几组试验。

　　①不同尺寸承台的天然模型地基载荷试验；②不同桩长的单桩载荷试验；③不同承台不同桩长的单桩复合地基的载荷试验；④群桩复合地基的载荷试验。其参数见表2-10。

表2-10　载荷试验参数表

项目	承台尺寸 （mm）	桩长 （mm）	代号
模型地基	150×150×100 200×200×100 420×420×100		TH_1 TH_2 TH_3
单桩		300 500	D_1 D_2
单桩复合地基	150×150×10 200×200×10	300　500 300　500	F_{X1}、F_{X2} F_{D1}、F_{D2}
群桩（8根） 复合地基	420×420×20	300	QF

（2）试验加载装置及量测系统

本试验主要为在模型地基中设置水泥土的旋喷桩模型，通过承台利用油压千斤顶加载，量测承台沉降量、承台下地基的接地反压及桩侧应变等，试验装置原理见图 2-16。试验中采用油压千斤顶加载，每级加载量由沉降量控制。利用荷载传感器及位移传感器来读取荷载及沉降值。承台下接地反压由埋设在承台下地基表面的土压力盒测量，桩轴力的测定是利用贴在桩身的 3 组共 12 枚应变片，由静态电阻应变仪读取应变来实现。

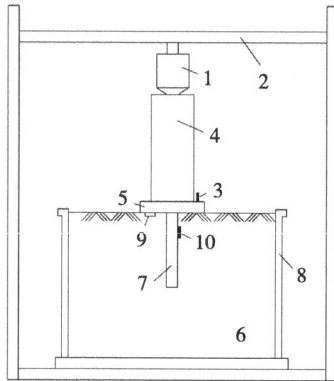

1. 荷重传感器　2. 钢制反力架　3. 位移传感器　4. 千斤顶
5. 承台　6. 模型地基　7. 模型桩　8. 铁制土槽　9. 土压力盒　10. 应变片
图 2-16　桩载荷试验装置原理图

（3）模型地基的特性

旋喷模型桩的选取同上节钻取桩半径 1/2 位置实际桩。天然土的力学特性可受到种种因素的影响，这些因素通常促使应力与应变现象呈现明显的非线性的、不可逆的以及随时间变化的特征。同时还促使土体显示出各向异性及非均匀的材料性质。因此，企图考虑所有这些材料特性来解决土与基础相互作用问题无疑是一项繁重的工作。为了获得土与基础相互作用实际问题的有意义而可靠的资料，考虑土性态的许多特殊方面以使其理想化实属必需。据此本试验为简化模型地基特性，选用单一土壤黏土作为模型地基土。黏土颗粒较细（多数粒径小于 $2\mu m$），含有高岭土和蒙脱石等矿物质，是当地（沈阳地区）普遍地基土壤。选用黏土土粒比重为 2.45，液限为 60%，塑限 21%，塑性指数为 39。

分层夯实制成的模型地基基本特性为：容重 $1.81kg/cm^3$、变型模量 43、贯入阻力 0.65、液性指数 0.843、含水量 20.0% ~ 35.5%。

黏性土地基中含水量的大小往往决定着工程的成败，本试验中采用烘干法量测地基含水量，并通过挖孔量测模型地基的含水量与地基深度的关系，如图 2-17 所示。

　　本试验共完成模型天然地基、单桩载荷、复合地基以及桩身应力、应变等20余组试验。现仅选几组有代表性的载荷试验曲线，以期说明问题。具体见图2-18 ~ 图2-22。

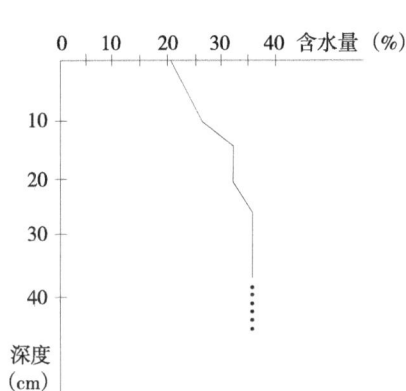

图 2-17　含水量与模型地基深度的关系

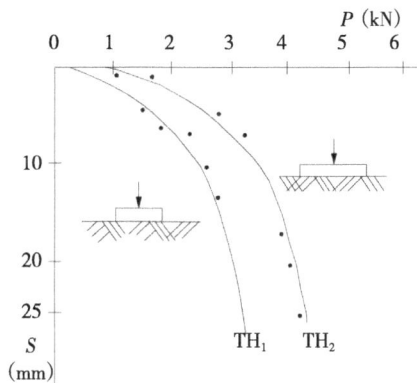

图 2-18　TH_1、TH_2 试验 P-S 曲线

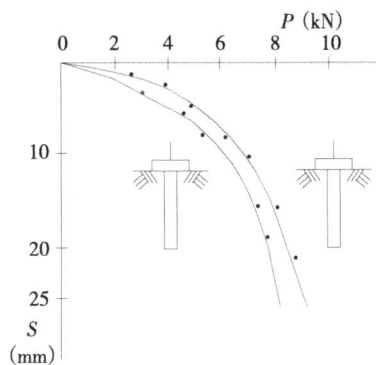

图 2-19　F_{X2}、F_{D2} 试验 P-S 曲线

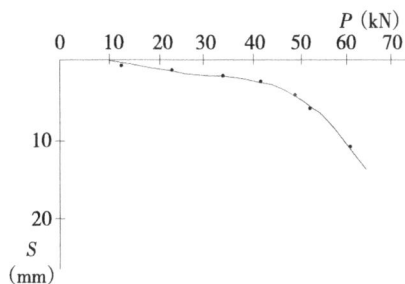

图 2-20　群桩复合地基 P-S 曲线

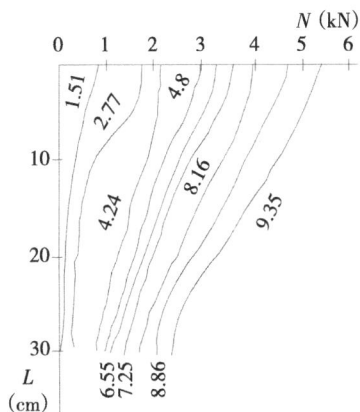

图 2-21　F_{D1} 试验的轴力分布

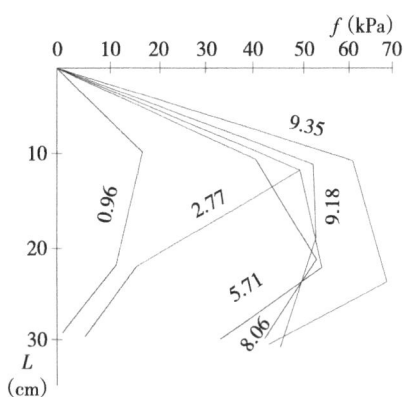

图 2-22　F_{D1} 试验摩阻力分布

（图 2-21、图 2-22 曲线上的数字为对应的试验荷载值）

（4）试验结果分析

①载荷试验对比。本试验可以互相对比的试验有以下几组。TH_1、D_1 及 F_{X1}；TH_1、D_2 及 F_{X2}；TH_2、D_1 及 F_{D1}；TH_2、D_2 及 F_{D2}；TH_3 及 QF。TH_1、D_1 及 F_{X1} 这组试验曲线对比见图 2-23。

从图 2-18 可以看出沉降量相同的情况下，复合地基的承能力远比单桩的承载力高，甚至比单桩承载力及天然地基的承载力之和还要高。承台的增大有利地基参与承载，但增加桩长来提高承载力效果却不甚明显。

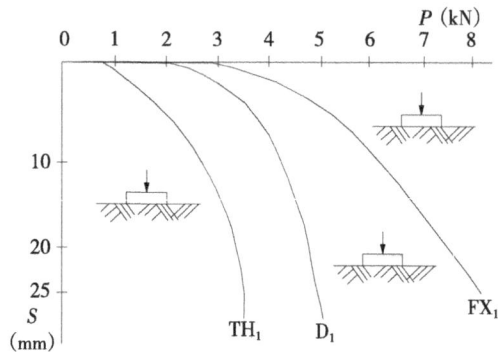

图 2-23　3 种试验的比较

②试验荷载与承台下地基反力。为定量分析承台下地基承载问题，可从承台下地基的反力 P_c 探讨。这里将 P_c 定义为土压力盒读数乘以承台下地基的面积。试验中所得 P-P_c 曲线见图 2-24 及图 2-25。

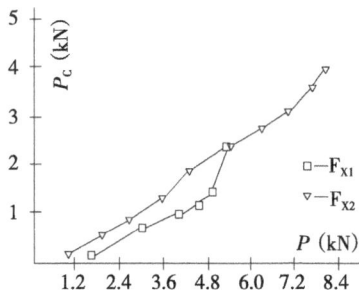

图 2-24　F_X 系列的复合地基 P-P_c 关系曲线

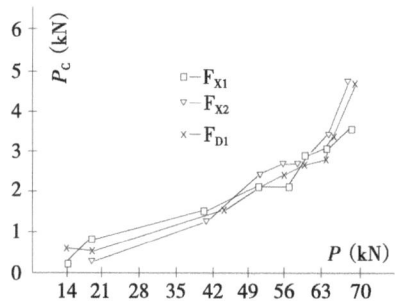

图 2-25　群桩复合地基 P-P_c 关系曲线

从 P-P_c 图中得出：承台的大小、桩的长短、桩的数量对承台下的地基参与承载都有影响，最为显著的影响因素是桩体的数量，在同等桩数的情况下 P_c 与

P 的关系可以概括为：在加载初期，承台下地基发挥承载的效应很少，即 P_c 小，超过一定限度后，则 P_c/P 值趋近一常数。

③平均应力与桩土的应力分配。承台下地基所承担的总荷载 P_c，利用应变片推断出作用于桩顶的荷载 P_p，试验时所施加的荷载 P，它们之间的定量关系见图 2-26。

由图 2-26 可见，当复合地基加载初期，荷载主要由桩体承担，承台下地基承载较少，随着沉降值的加大，承台下地基渐渐参与工作而分担更多的荷载，直至桩、土所分担的荷载达到一定的协调。

由于桩体与土体的变形模量不同，在分配荷载时，荷载必然会向桩体产生应力集中，其集中系数即所谓桩土应力分担比：

$$n=\sigma_p/\sigma_c$$

式中：σ_p—桩顶所受的平均应力；σ_c—承台下地基的平均反力。

试验的应力分担比 n 值与沉降 S 的关系曲线见图 2-27。

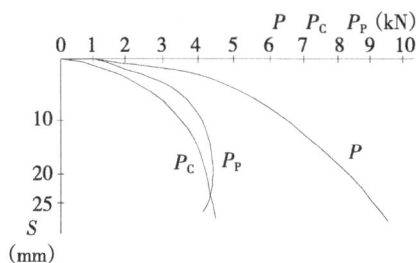

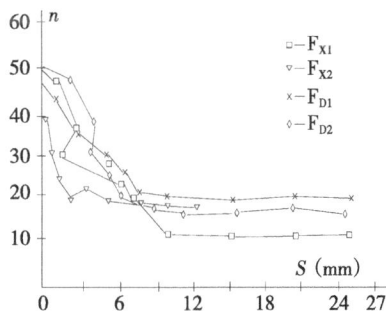

图 2-26 F$_{D1}$ 试验的 P、P_c、P_p-S 关系曲线　　图 2-27 各试验的 n-S 关系曲线

图 2-27 中显示出随着沉降值 S 的增大，应力分担比 n 值逐渐减小，最后趋近某一定值。在曲线的初期各组试验的规律有所不同，可以理解为由于承台的大小及试验误差所造成[9]。

对于 n 值随沉降的增加而趋近某一定值可以这样解释：从 n 趋于定值的那点沉降值起，地基、桩及复合地基都开始相继进入塑性状态，但它们并非同步。这点从图 2-20 也可看出。桩率先进入塑性状态（极限状态），然后是复合地基，再次是承台下的天然地基。

④桩身轴力及桩侧摩阻力。从图 2-17 及图 2-18 可以看出，桩身轴力的分布比较均匀，随荷载的增加其变化也比较均匀，各组试验的最大桩身应力为

2.1～2.3MPa，本试验所采用模型桩的抗压强度为4～4.7MPa，可见，复合地基中基本上发挥了桩身之强度。

桩侧摩阻力的分布变化比较复杂，在加载初期，上部桩身的摩阻力首先发展，荷载增大后，桩体下部的摩阻力增长很快，并且超过桩体上部的摩阻力。这主要是由于承台的参与工作限制了一定范围内的桩土相对位移，因而其规律与单桩的一般情况相悖，可见承台对桩侧摩阻力有"削弱作用"。

（5）旋喷桩复合地基模型试验总结

经以上试验及分析，完全可以肯定桩、土、承台共同工作构成复合地基的模式，通过本试验可以得到如下结论要点：

①带有低承台的桩基，其承台下土体参与承载，构成复合地基。其承载力甚至大于单桩与天然地基的承载力之和。

②桩土应力分担比与桩土的刚度、桩长、承台的大小密切相关。

③加载初期，上部荷载主要由桩体承担，以后逐渐向土体转移荷载，以达到协调受力与变形。

④复合地基承载力与承台及桩长有如下定性关系，即大承台比小承台更易发挥承台下地基参与工作；增大桩长可以提高复合地基的承载力，但超过一定桩长后，其效果并不显著。

⑤由于承台的参与工作，对桩身上部的摩阻力具有"削弱作用"[10]。

2.5.4.3　旋喷桩复合地基的应用现状

旋喷桩桩身的特性与所在地层岩性，喷射成桩水泥用量及喷射参数密切相关。通常只要提高桩体的强度，荷载传递周围地层的深度和广度范围就扩大，整体地基承载力就得到明显提高，这种复合地基强度明显高于原来地基土的强度。就实际应用层面看，旋喷桩作为加固天然地基的一种方法在我国已得到广泛应用，但作为复合地基应用较少的原因。

（1）国内旋喷桩复合地基试验表明：加固后的复合地基承载力存在着较大的差异，而造成这一差异的主要原因在于桩身加固体强度的不均匀性，离散程度较高，造成这种复合地基具有明显的不均匀性[11]。

（2）在工程造价上，比国内应用的粉喷桩、水泥搅拌桩及振冲碎石桩要高，这方面旋喷桩复合地基不占优势，不利于大面积加固地基使用。

3　高压喷射灌浆机械

高喷灌浆的施工方法是在地面钻孔，将喷具下入孔底后，实施喷射提升灌浆，达到在地下建造连续墙或旋喷桩的目的，因此需要有专门的喷射机具和设备。主要包括：实现高压水射流的水系统，提供低压气的气系统，配制、灌注、回收浆液的浆材系统，以及造孔、喷射、提升、控制等系统。这里仅论述这些高喷施工专用机械，及专用的质量监测设备。对于一般的机械如钻机、空压机、泥浆泵等不作详细介绍。

高喷灌浆按施工方法分单管、双管、三管喷射。按喷射方式分旋喷、定喷、摆喷。下面分别予以介绍。

（1）单管喷射

多以钻杆为喷射管，其下端装以喷头，此种喷射多以钻喷一体形式施工，不必事先钻孔。即采用振动器将下面装有喷头的钻杆打入地下，随后即可喷射提升，喷射介质直接为固化剂。喷头上的喷嘴通过喷射高压固化剂切割掺搅地层，形成固结体。这种喷射均以旋喷为主，也有采用定喷方式的。

（2）双管喷射

是采用两根并列或同心的两根管，下端连接双管喷头。其喷射介质为空气及固化剂。施工时是将喷具下到事先已造好的钻孔中，即可喷射提升，喷头上的喷嘴喷出外裹压缩空气的高压固化剂切割掺搅地层，形成固结体。

（3）三管喷射

是采用较多的一种形式。根据三管结构不同分有三管并列式和三重管式，三重管为同心圆。三管并列式为三根管并列在套管内，又分有并列钢管、并列软管式，组装时是将三管套装在 ϕ127 套管内，套管以螺纹连接。其中并列软管式的外套管，是采用差动螺纹连接。不论何种三管喷射，其喷头上的水、气喷嘴均为同心圆式。其高压喷射介质均为水，其他两种介质为压缩空气和水泥浆，两种形式三管如图 3-1 所示。

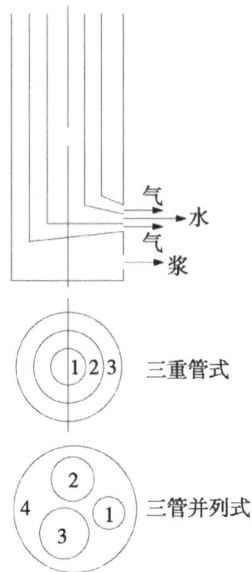

1.高压水管　2.气管　3.浆管　4.套管
图3-1　两种三管示意图

在单管、双管喷射中，喷射固化剂一般为水泥浆，压力均达到数十兆帕。常用的高压泥浆泵早期主要使用SNC-H300水泥注浆车，泵额定压力为30MPa。随着研制泥浆泵的压力提高，后来主要选用ACF-700型油田压裂车载泥浆泵，其额定工作压力达70MPa。但多数施工单位更愿单独使用高压泥浆泵，分散布置设备。泥浆泵常采用卧式，可随机布置，额定压力一般为50MPa。

两管和三管喷射均可以采用旋、定、摆3种方式。就高喷灌浆机具讲，三管机具最为复杂，可以说单管、两管机具是三管机具某种程度简化。三管机具中，三管并列式与三重管的送液器与喷头结构基本相同，只是灌浆管的结构不同。在实际应用上特点各有所长，对比两种灌浆管特性见表3-1。性能优缺点体现在：三管并列式外径较大，刚度比三重管大4倍左右，因而三重管较适用于深度较浅地层，常见深度范围小于25~30m。个别工程也能达到40m，但灌浆管起吊、旋转及拆卸均较吃力，不建议使用。三管并列式则更适用于深孔，一般40~50m为合适区间范围，超过50m深要看地层岩性及塔架起吊提升能力情况而定。此外，外管有导轨的三重管，在粗颗粒地层中旋转时，对孔壁的影响及受地层粗颗粒的阻力较大，所以它更适合于在细颗粒地层使用。由于三重管拆卸方便，因而其更适合于施工场地低矮，塔架不宜过高，而且需要频繁接换灌浆管的工程，如桥、闸下方及涵洞内施工。对于较深的孔，三重管由于孔中浆液静压力大，当塔架不够高，需频繁要更换灌浆管时，容易发生喷嘴（尤其是气喷嘴）堵塞事故。为此出现了三软管并列式灌浆管，即内管为三根高、中压胶管，外管为钢套管。施工中，只拆卸外套管，而胶管接头均不拆卸，此时，喷头可继续喷射，从而解决了因拆卸管而停喷所造成的堵管事故。但这种灌浆管操作很不方便，劳动强度大，同时它同样无法避免因故停机，而引起堵管的可能性。从行业角度，三重管在铁道、冶金、公路、煤炭及水利等行业普遍使用，三管并列式仅在水利上应用较多。由于三管并列式与三重管的送液器与喷头结构基本相同，差别在于中间部分灌浆管，三管并列式灌浆管无论是钢质内管还是橡胶内管，其结构单一简单，这里不作专门介绍。以下就常用的三重管灌浆机具结构作着重介绍。

表 3-1　灌浆管的特性比较表

高喷灌浆管名称	结构			加工			使用特性				工程实例	
	管形式	外管直径(mm)	外管定向导轨	加工精度	刚度	对孔壁的影响	孔中所受阻力	接换管难易	接换管时喷射		最粗地层	最大孔深(m)
三重管	外管有导轨	75	有	高	小	大	大	方便	中断		卵砾石	47
	外管无导轨		无			小	小					30
三管并列	钢质内管	110~127	无	低	大	小	小	不便	中断		卵漂石	大于50
	橡胶内管							困难	不中断			

3.1　三重管总成

三重管灌浆机具是 20 世纪 70 年代铁道部科学研究院从日本引进，并进行适合国内应用改进。水利行业应用较早单位之一——辽宁省水利水电科学研究所80 年代初引进了铁道部科学研究院 Ty-301 型三重管图纸，后多次有针对性地改进形成三重管总成，由送液器、三重管、喷头三部分组成。

3.1.1　送液器

送液器是三重管与水、气、浆胶管连接的部件。它安装在三重管上部，是水、气、浆 3 种介质总入口，直接通过胶管与高压水泵、空压机和泥浆泵的出口相连。可分为旋转式、定向式两种。旋转式送液器用于旋转喷射，定向式送液器用于定向或摆动喷射。

旋转式送液器是由外壳及芯管两部分组成。外壳上有 3 个可拆式卡口，分别与输送高压水、低压气及浆液的胶管连接。喷射作业时，外壳不旋转。芯管是内、中、外三管的焊接件，水、气、浆介质从芯管的 3 个端口进入三重管。芯管的底部结构与三重管相同，可与三重管连接并随之旋转。

定向式送液器：由内、中、外三管组成，有 3 只卡口，分别与水、气、浆胶管的接头连接。送液器下端与三重管连接，如图 3-2 所示。

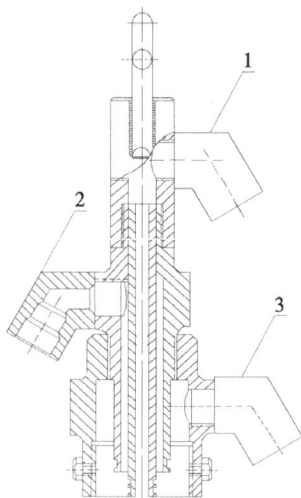

1.高压水输入端　2.压缩气输入端　3.浆液输入端
图 3-2　定喷送液器结构

送液器是二、三重管喷射所使用的，由于旋转送液器结构复杂，在高压下易产生泄漏和转动不灵，近年来已有许多单位改用定向送液器双喷嘴摆动 200° 的工艺代替 360° 旋转喷射。

3.1.2　三重管

三重管是将不同直径的三根无缝钢管，同一轴线组焊成一体，断面呈同心圆，其中内管内径为 19mm，中管内径为 32mm，外管内径为 70mm，三重管外径为 75mm，管外壁焊接两道对称导轨，整个三重管外体厚度 90mm。内、中、外管分别输送水、气、浆。三重管的各个流道平滑畅通，压力损失少，其内管和中管为承插式接头，外管为螺纹连接形式，如图 3-3 所示。在拆装外管时，内管、中管也被同时拆装。它重量轻、接换方便、迅速、既可旋喷又可定喷，适应性强，这对于提高工效、保证质量、降低劳动强度等极为有利。

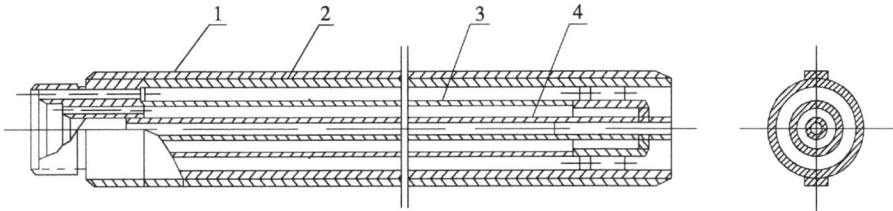

1. 导轨 2. 外管 3. 中管 4. 内管

图 3-3　三重管结构

三重管标准长度为 3.5m，非标准长度为 0.5～2.5m，便于加工、施工及运输。为防止摆喷灌浆时三重管"退扣"现象发生，在三重管接头导轨处均加装固定键，下入灌浆孔中的三重管每节间以固定销键锁死，防止退扣。三重管是高喷灌浆中最关键机具，它上接送液器下连喷头，同时保证输送水、气、浆 3 种介质不相互串流。

3.1.3　喷头

喷头是安装在三重管下端，向土体中喷射水、气、浆的部件，其侧面装有喷嘴。喷头的类型很多，它可以根据喷嘴的喷射方向，分为单向型、双向型。双向型按喷射夹角又可分为 120° 和 180° 等形式。按喷头上喷嘴个数分单喷嘴、双喷嘴及四喷嘴。按喷嘴下倾程度分水平、下倾及上下喷嘴等多种类型。根据不同地层和不同的用途需要，研究制造的各式型号的喷头如表 3-2。水平双侧 180° 喷头结构见图 3-4，下倾式喷头结构见图 3-5。

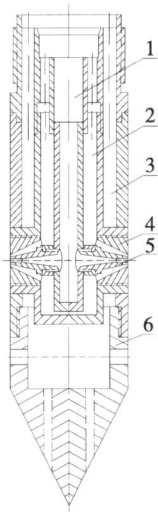

1. 水流道 2. 气流道 3. 浆流道 4. 气喷嘴 5. 水喷嘴 6. 浆喷嘴

图 3-4　水平双侧 180° 喷头　　　　**图 3-5　下倾式喷头**

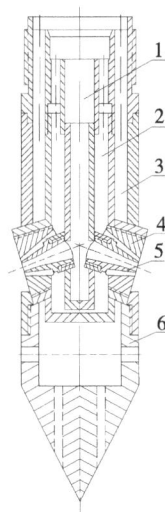

表 3-2　三重管喷头类型表

类型	喷射方向	喷射夹角	每侧喷嘴数	喷嘴总数	喷射示意图
A	单侧	—	1	1	
B	双侧	120° 下倾 15°	1	2	
C	单侧	—	2	2	
D	双侧	120°	1	2	
E	双侧	120°	2	4	
F	双侧	180° 下倾 15°	1	2	
G	单侧	喷嘴上、下平行	1	2	
H	单侧	下倾 15°	1	1	

表 3-2 中所列的 A、C、D、E 型喷头，其喷嘴均为水平喷射，用于普通地层正常喷射构筑固结体。B、F、H 型为下倾式喷头，它可以喷射到基岩表面的死角，使墙板或桩柱与岩面结合得更好。C、E 型为每侧双嘴的喷头，G 型喷头为单侧上下嘴的形式，它通过上、下两嘴先后两次切割地层，可以使墙板形成较大的宽度。另外，在 B、D、E、F 型双侧喷射的喷头设计时，考虑到邻孔墙板相交的可靠性，将两侧夹角设计为 120°～180°交角，以利邻孔交接。此外还有如下两种特殊喷头。

(1) 为了提高功效，在一定的条件下，可把造孔与喷射灌浆的两道工序，不间断地合并为一道工序，为此研制了射水造孔喷头。这种喷头可利用高压水射流造孔及喷射灌浆，使三重管造孔与喷射连续作业。在较浅的松软地层中，使用效果较好。在不需要护壁、抹壁、频繁接换钻杆的疏松细颗粒地层中，可利用三管式钻杆，并以常用的灌浆喷头做钻头，进行回转钻进。冲洗液可用 1.5～3.0MPa

的低压水或比重为 1.1～1.2 的稀泥浆，从设在喷头底部的浆嘴喷出，钻孔进尺主要以低压水的冲切和喷头上焊接的刃口（合金块）的切削联合完成，见图 3-6。该喷头特点是喷头与钻头合二为一，浆嘴设在最下部，周围焊接有合金块，在钻孔时喷冲洗液，灌浆时出浆液。喷头上水、气喷嘴位置不变。需要说明的是钻进时水气喷嘴要包裹好，以免钻进过程中被泥浆砂粒堵塞。完钻后，不必提管即可在原地开始进行高喷灌浆作业，此时高压水气射流冲破喷嘴包裹切割地层。

图 3-6　简易射水喷头（喷射浆嘴在下部）

（2）在浅孔，中密细颗粒地层，仍可用灌浆管当钻杆使用，但需装配高压射水钻头。该钻头上分别有侧向的及位于钻头中心的垂直向下的水喷嘴。喷嘴直径可为 1.6～2.0mm。此外还有通常的喷浆嘴，以及与侧面水嘴所组成的环形气喷嘴，详见图 3-7。两处水喷嘴的启用均由高压水自动控制，当水压低于 15MPa 时，启用内管，侧面水嘴关闭，底部水嘴打开，垂直向下的高压水细射流便可对土体进行冲击、切割造孔，待孔底深达到设计要求时，启用中管和外管，底部水嘴关闭，将水压调节到大于 28MPa 的设计值时，便可实现侧向水嘴喷射灌浆。

图 3-7　高压射水钻孔喷头

3.1.4 喷嘴

3.1.4.1 喷嘴直径

喷头上安装的喷嘴可根据水泵能力及施工设计配套使用。其计算公式为：

$$d = \eta \sqrt{\frac{Q}{0.658n\sqrt{\rho}}}$$

式中：d——喷嘴直径（mm）；

P——喷射水压力（kgf/cm^2）；

n——喷嘴个数；

Q——喷射流量（L/min）；

η——喷嘴的效率（一般取 1.05 ~ 1.3）。

喷头上的高压水喷嘴是高喷灌浆效果的关键，除内孔的几何尺寸、形状要求外，其内外光洁度、热处理的硬度同样重要。在使用材料上用 45# 钢生产的水喷嘴已淘汰。新型的水喷嘴是以 YG-8 等硬质合金及陶瓷材料制成。近来由于高喷施工的发展，对水喷嘴的材质已提出更新的要求，已生产出高硬度（超硬合金）、高耐磨、耐腐蚀的喷嘴。在如何改善和减少流道阻力，增加稳流流道方面，理论和实践都证明，指数曲线形状的喷嘴，所喷射的高压细射流，不易离散，在同等压力、流量及喷嘴直径条件下射程最远，喷射效率最高。加工喷嘴一般采用图 3-8 的标准设计。

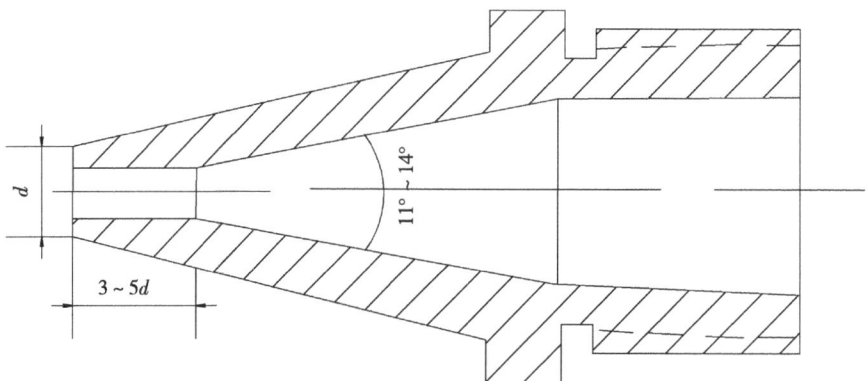

图 3-8　高压水喷嘴

3.1.4.2　喷嘴位置

（1）环形气嘴

气喷嘴的环形间隙、大小及气喷嘴与水喷嘴同心度，对气量、水射流的质量影响很大。试验证明，气喷嘴与水喷嘴的环形间隙保持 1mm 左右，水气射流状态最佳。间隙大气量流出过大，返出灌浆孔口浆液过多，不利于形成性能好的固结体；间隙小气量流出小，不利于形成包裹水射流的环状气幕，起不到增加水射流射程的目的。此外还必须保证加工精度，在施工中，还应常检查其装配精度。

（2）浆喷嘴与水气喷嘴的相对位置

喷头上浆喷嘴与水喷嘴的相对距离及相对方向很重要，其相对位置与喷射形式、灌浆管的运动参数以及地层岩性等因素有关。为此，搞清水、气、浆在喷射过程中的流态与机制十分重要，灌注浆液是在水、气射流的挟带和掺混以及浆液的射流和渗透等作用下分布于固结体中的。对于粗颗粒地层，特别是孔隙率较大的，可灌性较好的地层，浆液可充分发挥其渗透作用。

在细颗粒地层，特别是做定向喷射时，地下土体被高压水切割成狭窄而规则的流道，并将扰动土体搅成泥潭，此时，唯有高压水流的卷吸、挟带作用才有可能把浆液输送到距离很远的部位。然而，水、浆喷射嘴的相对位置直接影响浆液的输送效果。其最优的相对距离，通过特制喷头（图 3-9）在试验中来确定。试验表明，若浆嘴与水喷嘴相距太远，浆液输送压力在 0.5～1.5MPa，则在浆喷嘴出口压力仅为 0.2～1.0MPa，所以浆流不可能穿过泥潭而喷射到泥潭的远端。浆孔若设在返浆回流区，则由灌浆管所喷射出来的浆液，还未与土体颗粒掺混，便被水、气喷射回流带出孔口。造成大部分水泥流失，固结体水泥含量极低。试验及工程实践证明，水、气喷嘴一般均位于浆喷孔上方 5～10cm 较好。

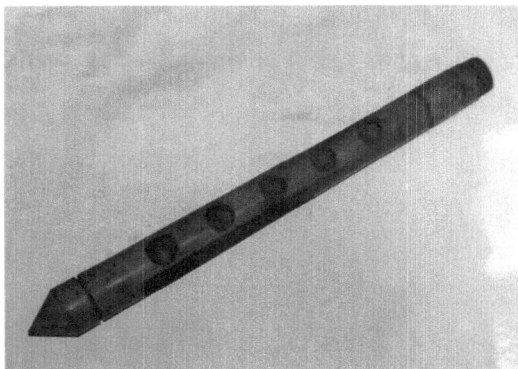

图 3-9　浆嘴位置可调式喷头

定向喷射时，水、气、浆嘴必须在喷头的同一侧。而旋转喷射时，也可以布置在相反的一侧。为了避免水、气回流的影响，把浆喷嘴布置在水、气喷嘴的背面，让水、气射流与浆射流方向相反更为有利。

但在特殊情况下，也有把水喷嘴放于浆喷孔下方的例子。在含有大颗粒（粒径大于5cm，含量30%~40%），并且含土粒结构紧密（密实度 $D_r < 0.75$）的地层进行高喷灌浆。试验表明：当采用正常水、气喷嘴在上，浆嘴在下的普通喷头时，经开挖显示，浆液的渗透半径很小，仅桩中心部分有水泥浆，其余大部分充填于卵砾石间的细粒土中基本不含水泥。为达到喷射效果，对喷头上浆嘴位置进行了改进，将浆嘴设在水、气喷嘴的上方，并且向下倾斜，使浆液流在水、气射流出口附近汇合，见图3-10所示。喷射时形成了三介质混合流束，可实现对地层的完全搅混。通过开挖检查发现，利用这种喷头达到了桩体全断面水泥浆含量分布均匀的效果。

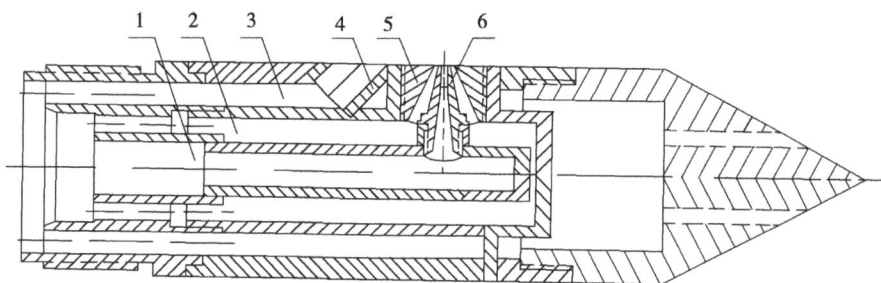

1.水流道 2.气流道 3.浆流道 4.浆喷嘴 5.气喷嘴 6.水喷嘴
图3-10 水、气、浆掺混式喷头

（3）喷嘴的个数

关于水喷嘴的个数可以是单嘴，也可以是双嘴。双嘴又分为单侧和双侧两种。双侧又分为120°和180°等。喷嘴射角分有水平和下倾（一般下倾15°）两种。目前广泛使用的是双侧双向180°下倾15°喷嘴。随着水压力的不断提高，喷射段不断加长，钻孔也不断加深，对于喷嘴的内部结构的研究也在一步提升。较新的研究成果是将水、气喷嘴做成一体式，以确保水、气喷嘴的同心度，同时也方便装卸。

3.2　高喷灌浆机

高喷灌浆是多种机械配合生产的施工方式，从起初的单纯机械传动发展为液压传动，主要是使施工技术参数中的运动参数实现无级化，提高施工精度，减轻工人的体力劳动强度。高喷灌浆机是在高喷施工中用以提升、摆动、旋转喷射管的机具，也被称为高喷灌浆台车。初期有的施工单位在喷射施工中用汽车吊、改型钻机等代用。专用高喷台车一般为提升塔架和行走底盘构成。提升塔架要有足够提升力，既满足强度、刚度要求外，还要有合理的高度。底盘安装行走机构、孔口定向及摆动机构等。台车整体要满足行走、起吊过程中稳定性要求。台车行走可由驱动装置驱动自行迈步行走，也可沿轨道行走，每移动到灌浆工位孔口，通过台车上卷扬机构下放灌浆管至孔内设计深度，启动水、气、浆动力系统和台车上定向、旋、摆动机构，提升灌浆管进行灌浆。

3.2.1　车载 SGP30-5 灌浆机

水、气、浆动力系统，及浆液制备系统等为灌浆所配备设备，通常零散布置在高喷台车周围，在施工现场随台车行走不定期搬迁。为减少搬移次数，节省工作强度，不得不使低压电线路及输送水、气、浆管路都很长，从而引起电压降低及管路中介质压力沿程损失过大，一般水压损失 10% 左右，固化剂泥浆压力损失可达 40% 以上，给施工操作及提高工程质量等都带来很多影响。为解决这一难题，辽宁水科院研制一种车载 SGP30-5 灌浆机[12]，该机是一套大型灌浆机组，是一种使灌浆设备通过各分机构实现由电气控制的联动装置。全部设备分为主车、拖车及台车三部分组成（图 3-11），以汽车或柴油机作动力，便于运输及工位搬迁。高喷设备均采用液压控制及驱动。灌浆管的提升、旋转、摆动均实现无级变速，利用微机对施工参数进行监测。

3.2.1.1　总体结构特征

SGP530-5 为液压自行走无级调速高喷机。该机有桅杆式塔架，高 15m。有提升、旋转无级液压调速装置，车体宽 2.00m，两侧支腿宽 4.0m。工作平台可做 360° 旋转。平台的前部有折板可折叠，故可抵近障碍物不足 30cm 的位置作业。行走部分由液压马达驱动，可在轨道上自动行走。

图 3-11　车载 SGP30-5 高喷灌浆机

（1）主车

功率为 100kW 以上的汽油、柴油载重汽车均可改装为本机主车，为灌浆设备动力源，经取力器及传动轴向拖车输出扭矩。通过汽车驾驶室内的操纵手柄，实现主车空转、行驶以及向拖车输送动力。

（2）拖车

可通过电缆向台车发送 380V 电源，输送符合压力、流量要求的水、气、浆等喷射介质。主车动力以传动轴传至拖车内分动箱，带动高压水泵、空压机、泥浆泵、灰浆搅拌机、发电机、油泵等设备，通过集中的液压操纵杆，对上述设备进行自动切、合，实现其单动或联动。此外还备有 4 个液压支腿，以保证运动稳定性及避免车轮总成的疲劳。

（3）台车

台车的主要作用是实现灌浆管的运动参数。由拖车输入的 380V 电源带动电动油泵，油泵通过油缸及液压马达等分别驱动高低速卷扬机、井口转盘、行走机构、扒杆等。通过集中的操纵杆可以实现车体在铁轨上自行行走，及自行上、下主车，扒杆自行起落，灌浆管的运动如升速、转速、摆角及摆速等实现无级变速[13]。

3.2.1.2　下部圆盘 360° 旋转

为达到高喷台车工位迁移能进行双排孔甚至多点灌浆目的，SGP30-5 灌浆机台车底盘（上部）可通过台车转盘，相对于地面轻轨 360° 任意角度旋转，以便实现多排孔的灌浆作业，做到高喷台车每迁移一个工位实现台车旋转范围内多点灌浆，从而节省设备迁移工序。具体灌浆施工以两排孔为例，分序施工作业如图3-12 所示。

图 3-12 高喷灌浆机旋转作业分序施工

3.2.2 步履 SGP50-6 灌浆机

随着高喷灌浆技术应用范围的扩大，在民用建筑基坑封底、桩基缺陷修补及城市建筑狭窄场地基础旋喷灌浆等工程施工中，原有轨道式高喷灌浆机凸现出随工位随机转移不方便等缺陷。尤其是民用建筑高喷工程中，由于布孔集中、场地排浆困难，所以场地施工条件很差，泥泞不平，无法铺设铁轨，移孔困难、劳动强度大、耗时多、直接影响生产效率。此外对于地质条件复杂地层，时有塌孔，下管时落不下去，提升时夹管而提升不上来，严重影响工程质量。

针对以上施工中实际问题，在 SGP30-5 型基础上，又研制了步履式全液压 SGP50-6 型高喷灌浆机[14]（图 3-13），并配有振动头，最大灌浆深度达到 50m，从而拓宽了高压喷射灌浆技术应用范围，并给高喷灌浆施工带来更多的方便。

3.2.2.1 主要特点与功能

SGP50-6 型高喷灌浆机是一种步履式全液压高喷灌浆工程机械。设计特点：底盘步履行走，采用全液压驱动与控制，超强提升能力。可在施工基坑、泥沼泽地、狭窄场地及斜坡上进行高压喷射灌浆作业。主要用于工业、民用建筑、交通、水利及国防等部门的高喷灌浆工程，适用于壤土、砂土、砂卵石等第四纪覆盖层软土地基加固。该机突出四大功能。

（1）步履行走，车体既可前后行走，又可左右行走，并在泥泞不平的场地行走自如。车体底盘上下两部之间转盘，可相对旋转任意角度。

（2）振动起落灌浆管，振动头能顺利实现塌孔时，振动下管；夹管时，振动提升。保证下管和提升顺利进行，在松软土层中也可实现自行造孔和自行喷射灌浆。

（3）超深地层灌浆。设计提升能力 2.5t，为 SGP30-5 机 2.5 倍，满足 50m 孔深高喷灌浆处理工程。机体四角配四条液压支腿，增加作业时稳定性。

（4）对灌浆管的全部运动参数实行无级变速（快速提升、慢速提升、转角、摆角、摆速等），实现旋喷、定喷、摆喷无级变换。

图 3-13　SGP50-6 型步履式高喷灌浆机

3.2.2.2　结构原理

SGP50-6 型高喷灌浆机总体结构（图 3-14）。主要由底盘行走机构、支腿机构、振动头机构三大系统构成。底盘行走机构由底座（1）、中盘（2）和上盘（3）三部分组成。支腿机构（4）是在上盘上的前、后、左、右四角，固定有 4 个支腿。在底盘机构和支腿配合运动下，完成步履移动和水平任意转动的动作。振动头机构（9）是通过卷扬机构，钢丝绳将振动头吊在滑轮上，可沿塔架滑道上下移动，下接高喷机具——送液器，用销轴连接，从而带动灌浆管振动升落。其他部件为：塔架支座（5）、塔架（6）、钢丝绳（7）、滑轮组（8）、回转器（10）、卷扬机（11）、油箱及液压系统（12）、配电系统（13）等。

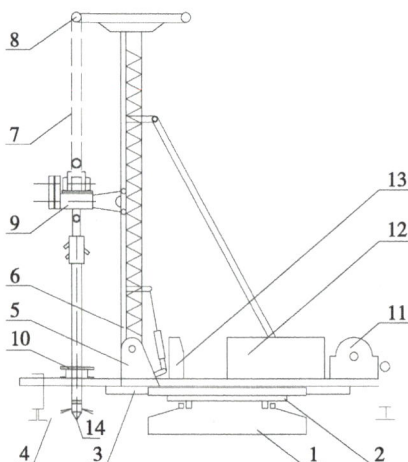

1.底座　2.中盘　3.上盘　4.支腿　5.塔架支座　6.塔架　7.钢丝绳　8.滑轮组　9.振动头
10.回转器　11.卷扬机　12.油箱及液压系统　13.配电系统　14.喷头

图 3-14　SGP50-6 型高喷灌浆机总体结构

（1）行走机构原理

步履式全液压高喷灌浆机的行走是靠油缸的伸缩，使中盘与上盘在其配合下完成交替滑行动作，按照转动机构校好的要求方向，完成前进或后退的步履动作（详见图3-15）。上盘（3）的下滑道与中盘（2）的上滑道配合，上盘（3）的上滑道与吊架（13）的下滑动面配合。吊架（13）共6件，分别两侧固定在中盘上，从而将中盘与上盘滑动连接，并限制了两盘间滑动方向。油缸的缸筒（14）与固定在中盘上的支座（17）用销轴连接，操纵控制手柄，改变油缸的进回油方向及柱塞的伸缩，推拉上盘与中盘相对滑动。具体行走步骤分解如下：

第一步动作：当油缸柱塞处于伸出状态时，将支腿收起离开地面，这时中盘连接底座接触地面不能动，操纵换向手柄，使液压油从左端进入，由于柱塞缩回，将上盘与中盘拉近，从而使上盘向右滑动了与柱塞缩回长度相同的一步的距离。完成第一步动作。

第二步动作：完成第一步动作后，将四角支腿同时伸出支撑地面，使底座离开地面，控制油路方向，使液压油以油缸左侧进入，这时柱塞伸出，推动中盘和底座向右又滑动了一步，这样第一步与第二步交替操纵，便可完成台车的行走的要求。

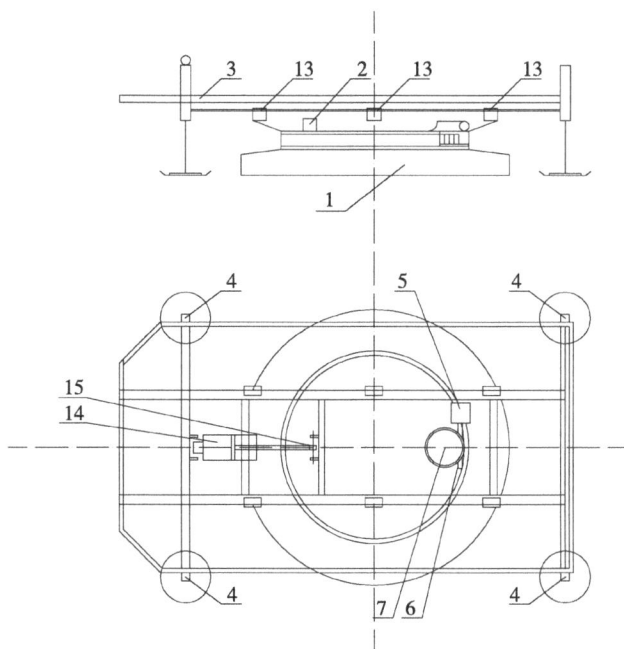

1.底座　2.中盘　3.上盘　4.支腿　5.塔架支座　6.塔架　7.钢丝绳　13.吊架　14.油筒　15.柱塞

图3-15　SGP50-6型高喷灌浆机底盘结构

（2）支腿的结构设计原理

支腿共4个，分别固定在上盘（3）上的四角，可以在液控转阀的控制下同时动作，也可单独动作，这样便可以使底盘保证水平状态，并可以使底座（1）离开地面达到要求高度。

其结构及工作原理（图3-16），外体（1）固定在底盘，滑动内套（2）可以在外体内滑动，油缸缸套（3）与支腿外体的支座（4）连接，操纵控制阀，分别使液压油经液压锁进入油缸的上油口和下油口，在柱塞的带动下，滑动内套完成伸出和缩回的动作。

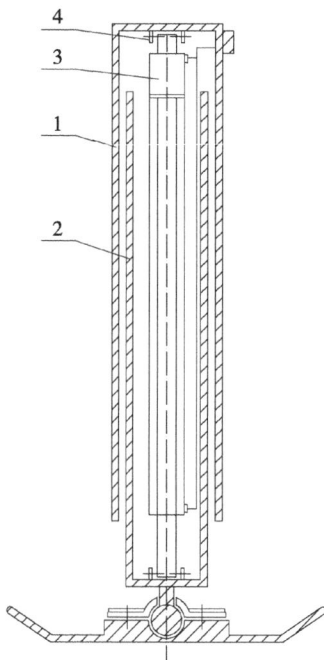

1.外体　2.滑动内套　3.油缸缸套　4.支腿支座

图3-16　SGP50-6型高喷灌浆机支腿结构

3.3　通用设备

通用的高喷灌浆设备包括高压水泵、空压机、泥浆泵，还有制备泥浆的搅拌储存设备、钻孔使用的钻机及灌浆管路使用的各种胶管，为以上设备供电的电气系统等。这些均为国产通用设备，使用前，仅需将它们装配和连接，构成独立水、气、浆输送系统，供灌浆使用。设备选型要根据施工条件及设计要求而定，其名牌参数与施工参数须匹配。在不同工地、不同场合长期施工的单位，要选择适用范围大、用途广的通用设备。表 3-3 列出三重管高喷灌浆所选用的一些通用设备，供参考使用。

表 3-3　通用设备一览表

名称	规格	主要技术参数	用途	配用电机（kW）
高压水泵	3XZ-75/50	额定输出压力 50MPa 额定输出流量 75L/min	产生高压水流	55
空气压缩机	2V-3/8	额定压力 0.8MPa 排气量 3m³/min	产生低压气流	22
泥浆泵	BW-150	工作压力 1.8～7MPa 排量 30～150L/min	产生低、中压浆流	7.5
泥浆搅拌机	J200	最大造浆量 200L/min 搅拌桶容积 0.5m³	造泥浆	5.5
灰浆搅拌机	LS-3000	最大造浆量 300L/min 搅拌桶容积 2×1.5m³	制造灌注浆液	5.5
贮浆桶		容积 9m³	贮存浆液	5.5
回浆泵	HB50/15 及 BW120	最大工作压力 1.5MPa 排浆量 50L/min	输送回浆	5.5
钻机	XJ100-1 HY-2PC	最大钻孔深度 100～150m 开孔直径 110～127mm	造孔	5.5～7.5
超高压胶管	4SP-19-350	额定压力 35MPa 胶管内径 19～25mm	输送高压水	

3.3.1　高压水泵

高压水泵是向三重管输送高压水的设备，其主要技术参数是压力和流量，配套输水管路为高压胶管，高压水泵通常使用卧式三柱塞系列，特点是柱塞直径小，往复速度快，压力、流量可选范围大。随着高喷处理地层颗粒范围的不断扩大，泵的压力需要也不断提高，从 20 世纪 80 年代初期 25～30MPa，到 90 年代 30～50MPa，再到目前 50～70MPa。但泵的压力不能无限度提高，通常压力越高，功率就越高，消耗能量越大，柱塞承受压力高，要求填料质量好。

施工常用的压力一般以设备额定压力的 80% 为最优，超负荷运行，会引起大部分易损件寿命短，更换频繁。从而影响工程进度与质量。高压胶管一般选用 4 层或 6 层钢丝缠绕胶管，常用的内径有 19mm、25mm。胶管出厂为两端带接头的总成，单根长度一般为 10m，胶管间连接为专用件快速接头。

3.3.2 空气压缩机

空气压缩机用于向三重管输送压缩空气。喷气压力一般选择小于额定压力
0.7MPa 较为合适。对空压机而言，除压力之外，还需注意排气量的选择，据测
试，喷嘴位置实际耗气量仅为 0.6～1.8m³/min。通常气喷嘴环形空间为 1～1.5mm，
当喷气压力为 0.5～0.7MPa 时，所需气量为 0.8～1.2m³/min，则选用额定排气量
为 3m³/min，额定压力为 0.8MPa 的空压机最合理。然而由于种种原因，时常有
选用 6～8m³/min 甚至 12m³/min 空压机情况，此时，能耗大是不言而喻的。更重
要的是，使用大排量空压机，必须注意气量的测试与控制，否则在相同管特性及
供气压力之下，喷射气量就会过大，从而造成大量水泥及细颗粒土返出地面，致
使固结体结构粗化，水泥含量低。

对于较深孔（超过 40m）还考虑孔中泥浆的静压力的影响。水、气、浆射
流在其喷嘴出口均受到孔中泥浆液柱的静压力，其压强公式 $R=rh$，其中 r 为孔
中泥浆的比重，h 为喷嘴距地面距离。孔中泥浆一般为灌入水泥浆与地层土掺
混而成的水泥砂土浆，比重不低于 1.5，当孔深为 50m 时，喷嘴出口浆静压力
达 0.75MPa 以上，如选用 0.7MPa 空气压力，不会将气体由气嘴喷入孔中。一般
浆的喷射压力也较低（0.5～1.0MPa），也会同样遇到这种情况。因此，对于大于
50m 的较深孔，选用额定压力 0.8MPa 不再合理，要选择 1.0MPa 以上的空压机。

3.3.3 泥浆泵

泥浆泵是向三重管输送灌浆材料的设备，需要具有一定的压力和流量。根据
灌浆的实际需要，泥浆压力一般在 0.5～1.0MPa，流量在 60～90L/min。使用具
有性能稳定、耐磨损、重量轻三柱塞泥浆泵即可。

3.3.4 制浆设备

高喷施工中有两种制浆方法。一种是连续拌制法，即不断地、均匀地向搅拌
机中投入灌浆材料，拌合后直接泵入喷具，喷射入地层中，其优点是设备简单，
一般用静压灌浆的立式搅拌桶代替。缺点是不易搅拌均匀，无法控制较复杂的浆
材配方比例，因此不易保证施工质量。另一种是定量搅拌法，一般多用于两种材
料以上的灌浆材料的搅拌，例如水泥黏土浆等。它主要是采用两个搅拌筒，轮流
按比例配制一定配比的浆材，再送入泵内。这种方法因为是采用定容积法配制，
保证了浆材的均匀性，是一种保证施工质量的方法。上述两种方法均为湿法制

浆。在高喷施工中，如喷射机组较多，适于建立集中供浆的制浆总站。既可充分发挥设备效率，又适于管理。但在夏日施工中，用较长的管道运输应尽量防止日晒，以减少输送中浆材稠度的变化。

工程使用较多是定量搅拌法，要求搅拌机的性能和搅拌能力与所用浆液类型和需浆量相匹配，且应能保证浆液拌制均匀。储浆桶要满足连续供给高喷灌浆浆液的需求，一般设两个，单罐容积600L。制浆系统包括：泥浆搅拌机、贮浆桶、灰浆搅拌机、泥浆循环泵等设备。此外，还备有检测质量的比重计、黏度计、含砂量计等。

在设备应用过程中，额定压力和流量只是宽泛值，要有足够选择区间。这样才能使实际使用参数选择余地大更能符合设计要求和实际地质条件需要。此外，不论孔深变化如何，均采用固定的施工技术参数是不合理的，虽然难以实现喷射压力与孔深同步变化，但结合工程特点，按照孔的不同深度段，设计不同的水压、气压、浆压很有必要。

3.4 高喷施工的质量监测仪表

高喷灌浆是一种在地下构筑墙、桩的施工技术，其构筑的墙体和桩柱都深埋于地下，浅则几米，深则达数十米，且往往处于地下水位以下。因此，它属于一种隐蔽施工的技术，故而很难用普通的手段去检查其施工质量。往往只能用抽样检查的方法，挖一定数量的探井或打钻孔的方法去评价。这虽然有一定代表性，但它毕竟不是逐孔检查，所以整体的施工质量还是使人产生疑虑。

在高喷灌浆施工中，控制其质量的是喷射作业中各种施工技术参数的变化。因此在施工中即使是短时间内的参数变化，却可能对施工质量产生影响。由此可见施工中每一时刻，都能及时地发现和修正那些因故发生变化的参数，对保证施工质量多重要。在早期的施工中，一般都没有办法去连续观测和记录这些施工的参数，几乎都是采用眼看手记的方法去记录有限的几个瞬间参数。这种在一个孔的喷射作业过程中，只凭记录下来的几个瞬时数据去评价全孔的质量是绝对不够的。因此，必须研制一种可以在全部喷射作业中随时自动地记录每一种参数及其变化，同时又能在参数超限时，自动报警的监测仪表。这种仪表应该是适于野外露天作业，有一定的精度，又易于调试，耐用性强，价格适宜的仪器。这种仪器又应该是一机可以多用，即可用于高喷，同时又可用于其他地下施工作业或其他地质勘探试验。例如静压灌浆、劈裂灌浆、工程水文地质勘察抽、注、压水试验等，这样就充分提高了仪器的利用率。

3.4.1 传感器选型

（1）高压水流量测量

高喷所选用的水流量值，一般均为 75 ~ 100L/min，当两台泵并用时，流量最大值 200L/min。可以选用直径 15 ~ 25mm 口径的涡轮流量计，其流量范围为 0.6 ~ 10m³/h，这种流量计精度为 0.5%，可以满足高喷的精度要求，其工作环境温度 –20 ~ 50℃，信号传输距离可达 500m。但这种涡轮流量计允许水压力值，有些厂家生产的产品小于高喷灌浆作业的水压力值，实际选用时应注意这一点，选用允许压力满足要求的流量计。或者在水流量计外壁薄弱部位，做补强改造处理，经现场试验满足要求后正常使用。

（2）气流量测量

野外施工时对气流量的要求，一般为 1 ~ 3m³/min，故而选用 3m³/min 流量的空压机较多。选用专业测量空气的流量计，精度高性能稳定，但价格较贵。也可选用液体涡轮流量计来替代，一般可选用直径 40mm 的涡轮流量计。需要注意的两个问题：一为流量的率定，应该在投入使用前在相似条件下，用空气去率定流量曲线；二是最好对流量计的涡轮轴承部分进行改造，采用耐磨较好的硬质合金轴承，并在壳体相应部位加装一个注油孔，防止轴承在热空气中干摩擦，影响其使用寿命。

上述水、气流量计如均选用涡轮流量计，其输出为脉冲信号，应予以转换以适应监测仪二次仪表信号输入的需要。

（3）浆流量测量

前述的水、气流量计均为管道内有阻件的计量仪表。在输送水泥浆的管道中计量并不适用。而电磁流量计由于其管道内无阻件，特别是衬有聚四氟乙烯的电磁流量计，更具有耐磨损、抗腐蚀的优点。这种无阻件的电磁流量计比同样无阻件的超声波流量计的价格更廉价一些，精度又足够。因此选用电磁流量计作为泥浆测量传感器。目前高喷灌浆采用 60 ~ 100L/min 的灌浆流量，故选用直径 25mm 有聚四氟乙烯内衬的电磁流量计即可。该流量计的流量范围为 2 ~ 20m³/h，耐压 1.6MPa，精度 1.5 级，工作环境温度 –20 ~ 50℃，其脉冲信号经转换器处理后，可输出 0 ~ 10mA 的模拟信号。

（4）水、气、浆压力测量

高喷灌浆输送的水、气、浆 3 组介质，其压力值均可以采用电动单元组合仪表的压力变送器，国内生产的压力变送器有多种规格，其精度均为 0.5 ~ 1.0 级，该变送器直接输出 0 ~ 10mA 的模拟信号，选购时只要根据介质的喷射压力，如高压水介质一般在数十兆帕，气、浆一般在 1 ~ 2MPa 以下，这样根据压力值范围，即可选购到合适的仪表。需要说明的是对于浆压力信号的提取，应该设计浆液隔离器，以防止浆液顺管道流入并固结于变速器的波纹管腔内，而损坏了变送器。

（5）升、转速测量

高喷灌浆旋转、摆动机构多为液压传动，由液压马达驱动的装置，主要是使施工技术参数中的运动参数实现无级化。因此其运动参数完全可以选用小口径涡轮流量计，测量马达的排油量来监测喷射的升速和转动。其信号的处理与水、气流量计的处理完全相同的。为了使监测仪适用于机械传动的其他型号高喷机械，可在机械传动轴端加装转速表输出脉冲信号的方法，同样达到监测运动参数的目的。

综上所述，高喷监测仪的一次仪表传感器，可参考表 3-4 中所列的型号规格。

表 3-4　一次仪表传感器一览表

序号	测定项目	单位	仪器名称	型号规格	输出信号	改造事项
1	水流量	L/min	涡轮流量计	LW-25	0 ~ 10mA	改两端接头为法兰盘
2	气流量	L/min	涡轮流量计	LWQ-40	0 ~ 10mA	叶轮轴端加注油孔
3	浆流量	L/min	电磁流量计	LD-25B	0 ~ 10mA	
4	水压力	MPa	压力变送器	DBY-144	0 ~ 10mA	
5	气压力	MPa	压力变送器	DBY-124	0 ~ 10mA	
6	浆压力	MPa	压力变送器	DBY-124	0 ~ 10mA	加隔离装置
7	升速	m/s	涡轮流量计	LW-15	0 ~ 10mA	用于液压传动
			转速表	SZMB-3		用于机械传动
8	转速	r/s	涡轮流量计	LW-15	0 ~ 10mA	用于液压传动
			转速表	SZMB-3		用于机械传动

3.4.2　监测系统构成

流量和压力信号采集传感器安装在各自动力装置出口的钢管上，之后通过管转接头将钢管连接到胶管上，胶管移动灵活便于连接三重管顶端，随不同工位进行移动灌浆。升速和转速信号采集传感器安装在转动部分液压马达专用出口。流量、压力及升速、转速采集信号统一输送至中央处理器中进行数据处理，并在显示屏上进行数据显示和越限报警。实现对灌浆过程的水、气、浆流量和压力及运动参数升速、转速实时监控[15]。高喷灌浆监测系统见图 3-17。水、气、浆接线图见 3-18，升、转速接线图见 3-19。

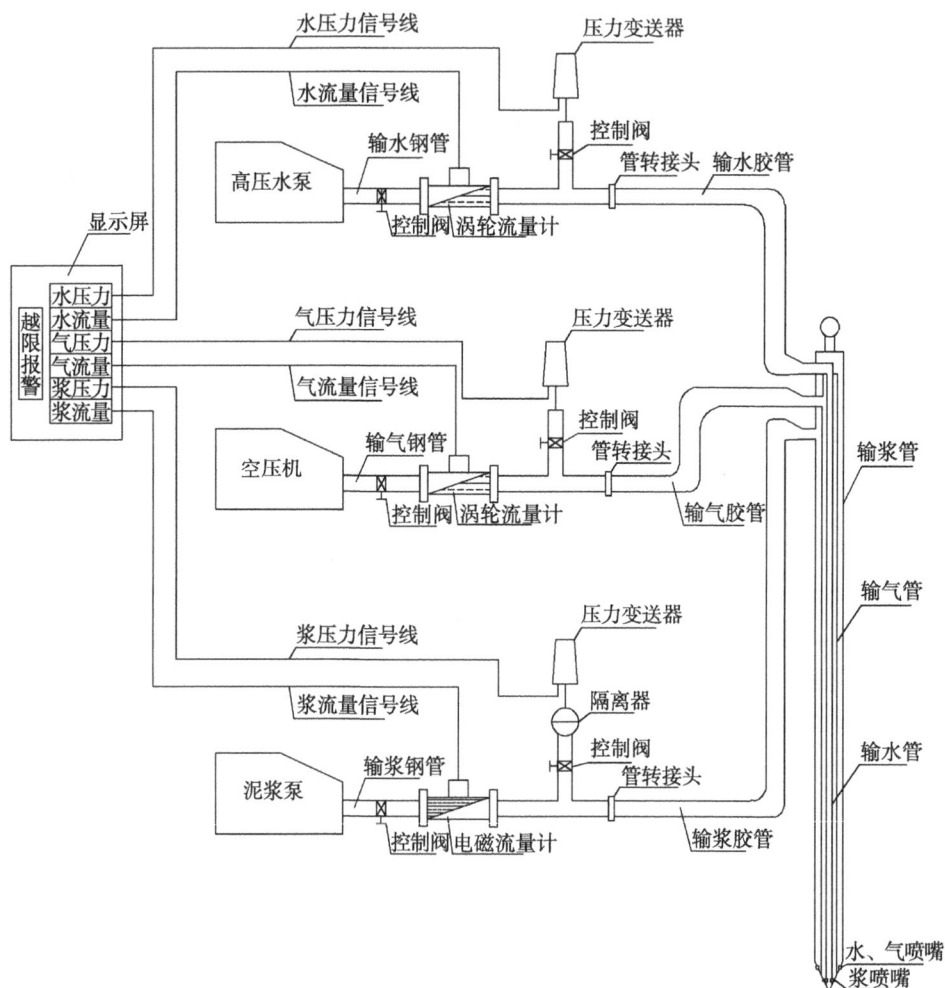

图 3-17　高压喷射灌浆监测系统

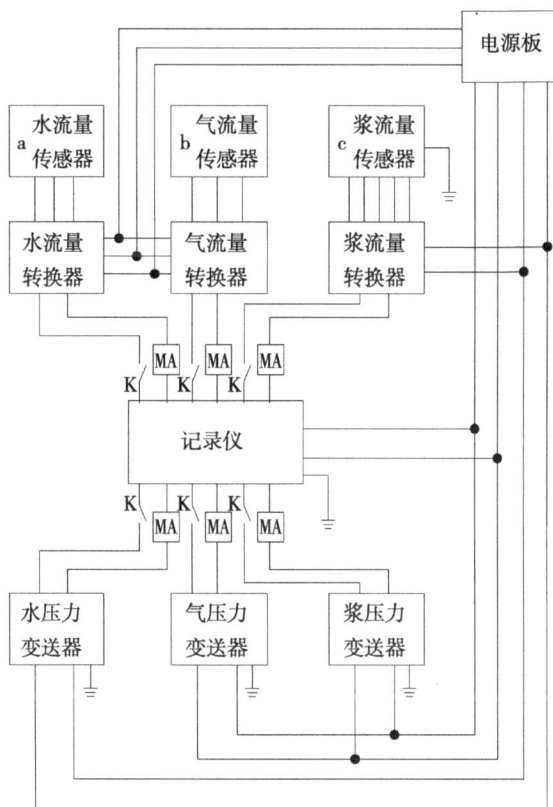

注：a、b 为 LW 型涡轮流量计，c 为 LD 型电磁流量计

图 3-18 高喷灌浆监测系统（水、气、浆）接线

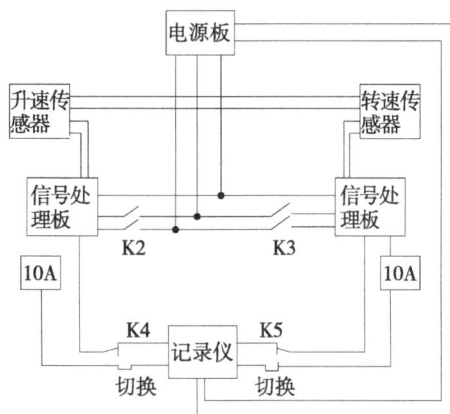

注：传感器型为 LW-15Y 涡轮流量计

图 3-19 高喷灌浆监测系统（升、转速）接线

3.4.3　监测仪表的工作原理、率定及应用

（1）工作原理

高喷施工所需要测量的参数主要有流量、压力、速度、比重等物理量，其中以流量、压力为主，测量这些物理量是通过传感器获得稳定的输出信号，再将这些信号传送至数据处理器进行转换处理，最后显示出所要测量流量压力瞬时值，并储存打印数据或越限报警。

传感器也称一次仪表，有各种形式如气动、电磁、光学、超声波等，根据输送介质类型不同选择不同的传感器。但不论选择哪一种，都必须具有以下良好性能。如输入输出之间成比例，直线性好，灵敏度高，分辨力强，测量范围宽，滞后漂移误差小，复现性好，动态性好，功耗小，故障率低，易于校准和维修。

二次仪表为处理器，将一次仪表传输信号进行处理，转换成连续的流量、压力值并进行储存和显示。目前多为使用微机电脑技术处理数据。

一次仪表传感器一般安装在高喷灌浆管路的始端，施工中一般可不随管路移动。二次仪表内部精密元件较多，仪表本身对环境条件要求较高，应该设置在距离灌浆机械稍远的地方，并与一次传感器以导线连接。

（2）仪表率定

仪表率定的目的是校验仪器各项性能，主要是精度和线性度，同时通过率定调整有关参数曲线在记录时的位置。可以采用调整分流电阻值和扩展量程的方法，使各参数整数值与量程的整数值一一对应。

水流量的调试采用容积法率定，浆流量率定也可用水来代替，气流量的率定是采用稳定的气源，在设定气温20℃下，利用孔板流量计的标准水银差压计记录，换算气流量值。当使用地点大气压力有变化时，应考虑气量、质量、流量上的变化。水、气、浆压力值的率定，均采用标准压力表，利用试压泵率定。各运动参数的率定均采用秒表的实测值对应转速表或流量计输出的脉冲值。

当各仪器仪表均接线及率定无误后，监测仪即可投入使用。使用前应检查电流电压，再接通电源，此时应在面板上出现指示灯亮，瞬间显示屏即有流量及压力值显示，根据需要把切换开关扭向自动记录时，记录仪开始工作，将施工中喷射作业的参数（喷射参数和运动参数）分别按事先设定程序储存，需要时还可以进行打印。

（3）仪表应用

目前国内绝大多数高喷施工，使用灌浆监测仪。高喷监测仪是对全部桩、孔

实施百分之百的监测，使施工自始至终是在设计要求的参数下进行，使全部施工质量满足设计要求。目前国内厂家生产灌浆监测仪多为多用途、高自动化、防震抗干扰性强、小型化一体化仪表。如辽宁省水利水电科学研究院研制的 KLE-4A 及 KLE-4B 型高喷灌浆质量监测仪不仅用于高喷灌浆施工，还用于静压灌浆、基岩的压力灌浆、化学注浆等，并用于水文地质勘探中的抽、压、注水试验。其他厂家生产的监测仪还适用到头小直径深层搅拌桩、粉喷桩及各种灌浆施工。在自动化方面，一般都集微机电脑技术处理，各种尺寸真彩触摸屏，参数显示、设定和打印功能于一体[16]。

4 构筑物加固的结构与高喷设计

作为一种重要的改良地基手段，高喷构筑固结体技术在土木建筑行业有着广泛的应用。在水利工程方面为了达到防止渗流破坏和增加地基承载能力的目的，已经设计多种形式的高喷固结体，使之连接成地下连续墙或是单个桩基或群桩。同时对固结体连接的形式、防渗墙的位置、喷射形成固结体的材料，以及对构筑体的结构力学、防渗体的渗流分析等方面进行研究。

4.1 防渗构筑物设计

与水工建筑设计规范中的要求一样，对于防渗构筑物也会因构筑物的性质、等级等方面的不同而有不同的要求。例如：水库、河闸常年处于渗流水头作用下，虽然其水头可以通过人工控制，改变其渗透压力（例如对病险库采用低水头运行等）。但设计所考虑的防渗措施，仍然是永久性的。而对于水利工程施工的临时围堰，在防渗设计上要考虑的除了安全以外，也要兼顾到预算的合理性。另外在我国有许多江河堤防，并不是常年处于渗流水头的作用之下，其渗流的特点是高水位历时短，有突发性，且不易调节，因此在防渗构筑物的设计上也有所不同。这样在高喷设计上，应该充分考虑实际情况，既要保证其防渗、抗渗流破坏的可靠性，又要考虑构筑物使用寿命，做到运用上安全、经济上合理。为了防止渗流破坏而设计的高喷构筑物，应考虑下列因素。

4.1.1 防渗地下连续墙的轮廓设计

首先应根据防渗要求设计墙的四周边界及其与四周相对不透水介质的连接。对于全封闭防渗墙来说，其下部应要求嵌入相对不透水层，并在其结合位置，采取加强措施。这种加强措施包括使用不同施工技术参数、设计特殊的喷射工艺等。墙的顶部嵌入上部防渗体（如心墙、斜墙等）其嵌入高度值，从已建成的工程分析，其嵌入的高度一般为 1/6～1/5 水头。对于悬挂式帷幕，应计算其满足允许渗透坡降要求的透水层嵌入深度（见 4.2.3 节）。

4.1.2　防渗墙设置的位置

在地下防渗墙位置的设计中，往往要考虑多种因素。在已成的水工建筑物下设置防渗墙时，设计往往希望它与上部的防渗体，如心墙或斜墙连接在一起，形成一个防渗的整体。对于心墙比较简单，易与之连接。而在与斜墙的连接时，就要考虑避免在斜墙与高喷板墙之间，形成孔隙水压力区，因此一般都把连接点尽量移向上游，甚至直接放在斜墙的齿槽位置。但随之而来的是施工的实际问题，如汛期施工的水位控制、料物的运输、场地的布设、上游护坡的拆除等一系列问题。这些问题需要综合考虑。单从防渗效果来考虑墙的位置，对单排高喷墙的设置来说，设置在坝或堤的顶端偏上游位置，可使其渗流量减少最少。而对于闸设置在上游可以降低闸基的扬压力，而设置在下游则可降低渗流的出逸坡降。当设置双排墙时，其效力不仅因为其设置的部位不同而有所不同，同时也与地基的深度、土层的分布有关，一般认为将其设在坝顶间隔一定距离（0.5～1.0m）。同时两排墙长度的差异也明显地影响其防渗效果。

4.1.3　墙的厚度

高喷地下防渗构筑物的厚度设计，一般主要的是考虑其满足防渗、结构强度耐久性等方面的要求。由于高喷灌浆墙厚相对来说比较薄，而地基边界条件比较复杂，不同土层的水平方向压缩模量更难以确定，因此通过应力计算：确定墙厚还比较困难。施工过程高喷灌浆防渗墙所达到的厚度是由多变量决定的。主要如下：①地基条件，包括土层的土质、粒径、密实程度等；②高喷压力，指土层所受的射流压力，主要决定于高压水泵的压力和流量；③灌浆管提升速度；④摆角及摆动速度；⑤单位墙体水泥用量等。

高喷施工构筑的固结体，基于其工艺的特点而形成薄厚不一的断面。其单排平均厚度以旋喷桩为最厚，定喷形成的板墙最薄。由于单排定喷墙板，一般采取 120° 或 150° 折线交叉形成如图 4-1 的板墙，有资料提出在结构强度计算中，建议按槽形板强度计算公式进行计算，其厚度取 b 值，是没有理论根据的。在抗渗流破坏和耐久性计算中，单排定喷板墙的厚度，仍然要按实际厚度计算。尽管许多室内抗渗试验证明了其抗渗流破坏的比降相当大（一般均在 600～1500 甚至更大），但对于其实际厚度薄（7～10cm）的情况，从安全强度、耐久性等方面综合考虑还应增加其厚度。因此很多工程采用旋喷和摆喷灌浆单独或两者结合方式构筑防渗墙体增加厚度。此外针对定喷薄墙设计特殊封闭形状并结合静压灌浆以增加厚度，也较好解决厚度问题。如辽宁小龙口水库坝基防渗墙设计为菱形墙间加注静压灌浆，就是一种为增加墙厚而采用双排定喷板墙的例子。新疆某水库副坝堆石坝体也采用双排防渗墙中间加静压灌浆的施工方案。因此构筑高喷防渗墙前，要对坝体及基础各部位进行渗流稳定分析，包括固结体的渗透坡降、渗流量、固结体的淋滤和化学侵蚀及其抗冲刷强度，通过这些设计得到一个既安全又合理的，可以放心采用的墙体的厚度值。

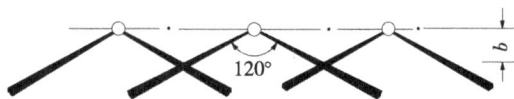

图 4-1　单排定喷 120° 折线板墙

关于厚度计算，目前在高喷防渗墙设计中是根据防渗墙破坏时的水力坡降来确定。防渗墙厚度 B 计算公式如下：

$$B=H/J$$

式中：H——上下游水位差；

　　　J——防渗墙的允许水力坡降。

$$J=J_{max}/m$$

式中：J_{max}——防渗墙破坏时的最大水力坡降；

　　　m——安全系数。

由于影响渗流破坏的因素很多，安全系数 m 由工艺水平、土质成分、水泥质量、环境条件及工程重要性等因素选定。建议土石坝、堤防工程 $m>4$，基岩较浅的闸 $m=3\sim4$，临时性工程 $m=2\sim3$。

4.2　渗流、强度、耐久性计算与分析

4.2.1　防渗体"浆皮层"的防渗作用

在前面讨论高喷构筑物的厚度时，已注意到高喷防渗墙的厚度有时是很薄的，因此在设计中应该验算其抗渗、强度、耐久等方面是否满足设计要求。此外，对固结体内部结构的分析，特别是对固结体表面所谓的"浆皮层"的防渗

作用，在进行高喷防渗设计时应该考虑。首先考虑能够使固结体形成"浆皮层"的条件。当地基土的可灌比 M 值（$M=D_{15}/d_{85}$）过大时，虽然有利于浆材的渗透，使固结体的尺寸加厚，但将没有明显的浆皮层，降低了防渗能力，同时对强度也不利。如果 M 值过小时，表明地层中细颗粒愈多、比表面积愈大，颗粒表面浆皮层愈薄，固结体中细小孔隙的连通性增加，同样降低其抗渗透性。因此应该在设计时，考虑不同的地层条件，而选用不同的灌浆材料，改变地层的级配获得较佳的灌浆效果。有资料介绍较好的地层级配应为：

$$C_H = \frac{D_{60}}{D_{10}} \geqslant 5$$

$$C_C = \frac{D_{30}}{D_{10}D_{60}} = 1 \sim 3$$

$$M = \frac{D_{15}}{d_{85}} = 4 \sim 10$$

式中：D_{10}、D_{15}、D_{30}、D_{60} 为地层粒料颗粒分析曲线上占 10%、15%、30%、60% 的对应直径；d_{85} 为灌浆材料颗粒分析曲线上占 85% 的对应直径。C_H、C_C 保证级配连续，M 为可灌比，M 值上限限制浆液流失，下限保证形成"浆皮层"。

4.2.2　全封闭透水层单宽流量计算

防渗墙作为建筑物或其地基的一部分，其渗透计算往往是与建筑物一起计算的。通过计算应达到：①确定土石坝或围堰的坝体浸润线及下游溢出点位置，为核定坝坡稳定性提供资料；②计算坝体或坝基渗流量，估算渗漏损失或下游排水量；③确定平均渗透坡降、局部渗透坡降，验算发生渗透破坏的可能性。对于全封闭高喷防渗墙（深入到基岩或相对不透水层），其单宽流量 q 参照混凝土防渗墙计算方法（郑秀培编著《土石坝混凝土防渗墙设计与计算》），由下列组合公式算出。不透水地基上防渗墙见图 4–2。

（1）通过混凝土防渗墙心墙渗流量

$$q_1 = \frac{K_B \ (H_1{}^2 - h_1{}^2)}{2B}$$

式中：H_1——上游水位；

h_1——防渗墙后残余水头；

K_B——防渗墙渗透系数；

B——防渗墙厚度。

（2）通过下游菱体渗流量

$$q_2 = \frac{K_2\,(h_1^2 - H_2^2)}{2L}$$

式中：K_2——下游菱体渗透系数；

H_2——下游水位；

L——下游菱体有效渗径。

由渗流连续条件单宽流量 $q = q_1 = q_2$ 得：

$$h_1 = \sqrt{\frac{H_1^2 + R_1 H_2^2}{1 + R_1}}$$

式中：$R_1 = \dfrac{K_2 B}{K_B L}$

通过上述组合公式计算单宽流量 q；下游坝基平均坡降为：

$$J_{平均} = \frac{h_1 - H_2}{L}$$

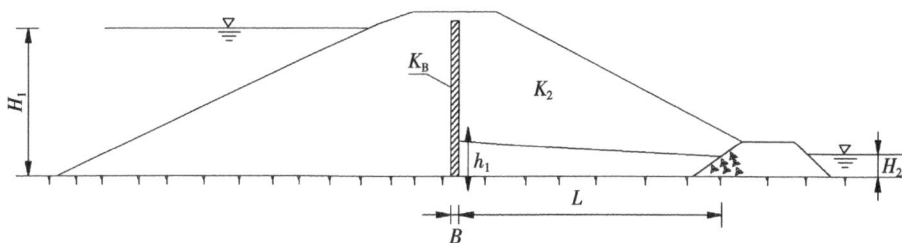

图4-2　不透水地基上防渗墙的渗透计算

4.2.3　悬挂式高喷防渗体的渗流计算

当透水地基较厚，高喷防渗体可不必坐落到基岩或相对不透水层上，成为悬挂式防渗体。此时可参照悬挂式防渗墙的渗透计算确定悬挂所需要的深度。见图4-3，莱因根据许多工程的统计资料，认为水平渗径的防渗效果仅为垂直渗径防渗效果的1/3，地下轮廓应为：

$$L = 2 \times S + (L_1 + L_2)\,/3 \geqslant C_0\,(H_1 - H_2)$$

式中：S——插入地基深度；

C_0——莱因系数，见表4-1；

L_1、L_2——防渗墙前后的水平渗径；

H_1、H_2——坝前、坝后的水位。

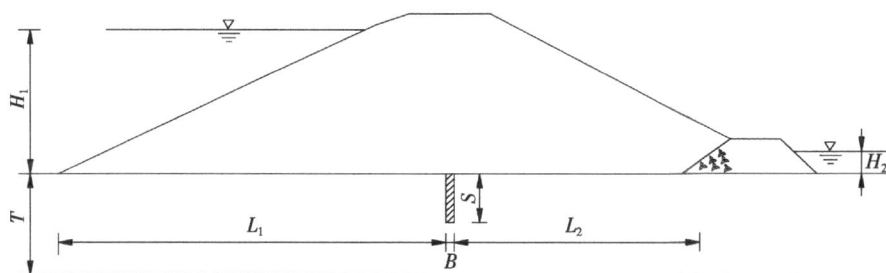

图 4-3 悬挂式防渗墙的渗透计算

防渗墙的深度可初步确定为：

$$S \geq 1/2C_0 (H_1-H_2) -1/6 (L_1+L_2)$$

用上述方法仅能确定地基渗透变形所需的最小渗径和防渗墙的最小深度，欲求其他渗流要素，还需采用其他方法[17]，实际应用中多采用莱因法计算出最小防渗墙深度乘以安全系数作为悬挂式防渗墙的深度。

表 4-1 莱因系数表

编号	坝基土类	C_0	编号	坝基土类	C_0
1	极细的砂、淤泥	8.5	7	含砾石的粗砂	3.0
2	细砂	7.0	8	软黏土	3.0
3	中粒砂	6.0	9	含卵石和砾石的漂石	2.5
4	粗砂	5.6	10	中等密实黏土	2.0
5	细砾石	4.0	11	密实黏土	1.8
6	中砾石	3.5	12	极密实黏土	1.6

4.2.4 防渗体稳定分析与耐久性计算

4.2.4.1 防渗体的强度稳定

关于高喷防体的强度稳定问题，可以分为沉降稳定和结构稳定两部分分析。由于高喷墙体表面的凹凸不平，浆体对地层渗透作用及从大量墙体开挖观察的事实说明，墙与地层之间的摩擦力较大。加之墙体容重一般低于原地层容重，因此不可能产生与原地层相对的沉降。从结构稳定的角度来看，高喷墙所承受的结构应力，应该由墙的抗压强度 R、弹性模量 E 和嵌入基岩深度等参数计算。其中有两点应考虑：一是高喷施工的压力对墙两侧地层的挤压提高了两侧地层土体密度，这对增加地基反力、改善墙的受力状况有利。二是高喷墙对地层之间的摩擦力实际上是较大的，这点应予以注意。

4.2.4.2　防渗体的耐久性分析与计算

由于墙体厚度不均，水泥含量的均匀程度论证不足等原因，在设计中也极为关注高喷墙体的耐久性问题。因为目前还没有评价高喷墙体耐久性的新方法，只好仍然袭用混凝土防渗墙的耐久性评价方法。其机制是高喷灌浆的防渗墙体，由于渗透固结作用。在墙体两侧形成一层较厚的水泥浆皮，对抗渗较为有利。但在渗水的作用下，由于其受淋蚀作用冲蚀的氧化钙，遇水后生成氢氧化钙，氢氧化钙吸收二氧化碳生成难溶于水的碳酸钙，在固结体中长成碳化膜，而阻塞了孔隙。因而表现为固结体的渗透系数，随时间的推移会越来越小。与此同时可以观测到渗水中的钙离子含量由竣工初始时峰值逐渐下降为渗前水中的含量值，因此渗水的淋滤作用，并不致影响墙的寿命。但是喷射灌浆的固结体，一般处于流动的地下水中，氢氧化钙在地下水中吸收二氧化碳所需的时间较长，致使一部分氧化钙溶于水而流走，造成了固结体的化学侵蚀，这种化学侵蚀是值得注意的，因此施工中选用早强型水泥较为合适。以下以 3 种使用年限计算公式来评价墙体的耐久性，供参考使用。

（1）水泥中氧化钙总量被溶出 25% 的时间 T 为使用年限[18]，计算公式如下：

$$T = 0.25a\,\frac{VC}{q\,(M - M_0)}$$

式中：a——氧化钙总含量（%）；

　　　　V——防渗墙受水压面每平方米混凝土体积；

　　　　C——每立方米混凝土水泥用量（kg/m^3）；

　　　　M——渗出液氧化钙浓度（kg/m^3）；

　　　　M_0——环境水氧化钙浓度（kg/m^3）；

　　　　q——混凝土单位面积一年内渗水量（m^3/a）。

$$q = ktAJ$$

式中：k——渗透系数；

　　　　t——时间；

　　　　A——防渗墙面积；

　　　　J——水力坡降。

根据上式计算的使用年限一般偏低。

（2）采用阿达莫维奇推荐的公式计算，该式同样是以水泥中溶出全部氧化钙的 25% 的时间为使用年限。即：

$$T = \frac{0.22UB}{KJ}$$

式中：T——使用年限（a）；

U——每立方米混凝土中水泥含量（kg/m³）；

B——防渗墙的厚度（m）；

K——渗透系数（m/a）；

J——水力坡降。

（3）目前国内人们较多采用的公式为第比利斯建筑物与水能科学研究所推荐的经验公式。此法是根据混凝土渗水使石灰淋滤而丧失 50% 强度所需的时间，为墙的使用年限 T。

$$T = \frac{aC}{K} \cdot \frac{B}{\beta J}$$

式中：a——使混凝土强度降低 50%，淋滤混凝土中石灰所需渗水量。

此值按莫斯温克的研究 $a=1.54\text{m}^3/\text{kg}$，按柳什尔的研究 $a=2.2\text{m}^3/\text{kg}$。

C——每立方米混凝土中水泥含量（kg/m³）；

K——渗透系数（m/ 年）；

J——水力坡降；

B——墙的厚度（m）；

β——安全系数，它根据建筑物等级、结构厚度及混凝土硬化条件选取，见表 4-2。

表 4-2　安全系数 β 值表

建筑物等级	大块结构 (L > 2m)	非大块结构	
		受水压前，在湿空气中硬化	受水压前，在干空气中硬化
I	10	20	100
II	8	16	80
III	8	12	60
IV	4	8	40

关于耐久性的另一指标，是防渗墙本身的抗冲刷性。当墙体与基岩接触面或墙体产生裂缝等处，形成集中渗流通道时，当固结体强度不足以抵御渗流冲刷

时，即可能由于被冲刷而产生破坏。布劳得试验得出的关系式为：

$$V_P=19.6R^{0.86}$$

式中：V_P——裂隙中渗水冲刷速度（m/s）；

　　　R——固结体强度（kPa）。

当采用某种方法，如电测或钻孔实测而得到裂隙中的渗水流速时，上式对指导设计防渗固结体强度，有参考意义。

4.3　防渗墙结构形式

高喷灌浆单孔形成的定喷、摆喷及旋喷单体，以多种形式连接组合形成连续防渗墙，能够搭接一起，起决定作用的是孔间距。设计时，应根据地层条件先选择允许最大喷灌距离。通过参照同类地层的实际施工情况，现场试验确定。

4.3.1　孔间距

喷射孔距的大小是决定防渗效果的主要因素。同时直接决定造孔、喷射和灌浆的人工、材料、机械消耗量的多少，也就是直接影响高喷防渗墙的造价。前述2.3.1 节介绍了单孔喷射体在各种地层下的尺寸，但围井试验的结果表明，在大多数情况下，围井开挖四边墙体长度在大于地面喷射体长度下，防渗效果好，当边长接近或低于地面喷射体长度时，围井渗水一般都较大。说明高喷墙体随着地层加深有效长度会有所减小，这一点设计孔间距时必须考虑。

设计地面孔距时，还必须考虑造孔倾斜引起底部实际喷射距离的增加。相邻两孔底部在最不利孔斜下，达到相交接会增大一定的喷射距离，以采用折线连接的方式如图 4-4 具体说明。地面布孔 1 与孔 2 间距为 L，两孔搭接最不利孔斜位置是在垂直孔轴线的相反方向，孔 1 底部孔斜位置为 1-1，孔 2 为 2-2，此时达到底部相交的喷射距离为 L_0，其与地面孔距 L、孔深 H、允许孔斜率 α、喷射角度 Φ 的关系如下式[19]：

$$L=2（L_0-2\alpha H）\cos\Phi$$

以孔距 1.6m，喷射角度为 30°，允许孔斜率为 0.5% 为例，在地面孔距、喷射角度及允许孔斜率不变的情况下，随着孔深的加大而得到不同底部喷射距离如表 4-3 所示。

表 4-3   不同孔深最不利孔斜下孔底喷射距离对照表

孔深 H (m)	10	20	30	40	50	备注
地面喷射距离 （m）	0.92	0.92	0.92	0.92	0.92	地面喷射距离孔斜为 0
孔底喷射距离 L_1 (m)	1.02	1.12	1.22	1.32	1.42	
差值	0.1	0.2	0.3	0.4	0.5	
与地面喷射距离比	0.11	0.22	0.33	0.43	0.53	

表 4-3 说明孔深到达 40m 以上，受最不利孔斜影响，孔底喷射距离增加到地面喷射距离的 43% 以上，接近一半。这样设计必须考虑缩短孔间距，增大喷射压力，降低提升速度等手段，满足如此深的孔底搭接。这样做综合比较起来是不经济的，此外还要考虑地层深部复杂的地质条件，但也不能保证底部的搭接。因此高喷灌浆不建议在过深的地层使用，一般地层深度在 30m 以内比较适宜。即便在 30m 以内地层，设计时也应根据现场试验结果，首先确认能达到防渗效果的喷射长度，然后将孔深、孔斜、喷灌夹角按上式计算决定地面孔距，并留有一定安全余量。

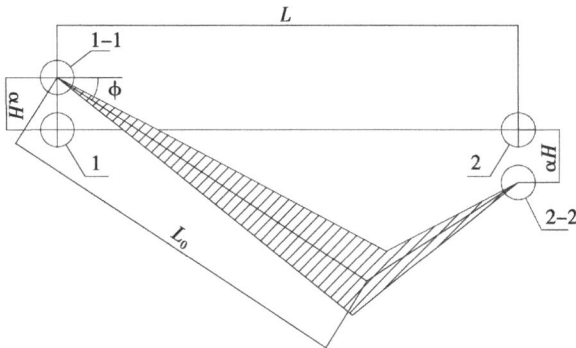

1、2. 地面布孔   1–1、2–2. 底部最不利孔斜钻孔位置
图 4–4   地面孔距与孔底喷射距离关系

4.3.2   单排防渗结构

应用高喷灌浆技术构筑板墙式防渗帷幕时，固结体应相交连成一体，可以根据工程需要使用不同喷头和喷射方式，构筑成不同的结构防渗体。常用的结构形式有以下几种：

（1）定喷常用两种形式

①用 120° 喷头喷成的交角为 120° 的锯齿形结构。结构特点：喷射距离长，

但厚度薄，例如在砂层中，水压力 30MPa，升速 12cm/min，形成固结体有效长度 1.7~2.2m（单侧），厚度 7~12cm。缺点是喷浆管在孔中受到喷射反作用力偏向一侧，与孔壁摩擦力大，增大提升起吊力，此种喷头在高喷灌浆初期使用较多，后逐渐被 180°喷头取代。

②用 180°喷头定向喷射形成具有 120°~150°交角的大锯齿形结构。喷射距离及厚度与 120°喷头相当，区别在于喷浆管在孔中受到喷射作用力对称，与孔壁摩擦力小，克服了 120°喷头提升阻力大弊端。两种定喷结构如图 4-5 与图 4-6 所示。

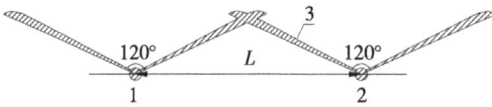

1、2.孔位　3.单侧喷射距离　L.孔间距 120°为喷射交角

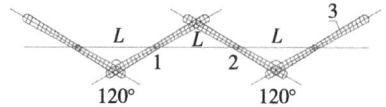

图 4-5　120°喷头折线搭接　　　　　　　　图 4-6　180°喷头折线搭接

（2）摆喷常用两种形式

①用单嘴喷头摆动喷射 40°~60°形成单扇形对接。特点是扇面包裹喷射孔，而增加喷孔处厚度。一般孔间距介于旋喷对接与摆喷对接之间。不足之处同 120°喷头一样，喷浆管在孔中受到喷射反作用力偏向一侧，与孔壁摩擦力大，增大提升起吊力。

②用 180°喷头摆动喷射 20°~40°而形成的扇形对接结构。特点是厚度均匀类似哑铃形，缺点是孔位偏差易造成对接哑铃体错位，通常采用这种形式需控制孔位偏离轴线距离，在最大偏离范围内，确定摆角大小。两种定喷结构如图 4-7、图 4-8 所示。

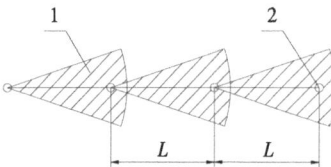

1.摆喷体　2.孔位 L 为孔间距

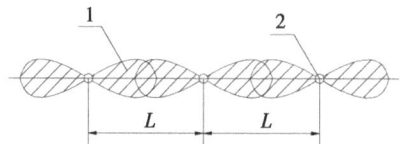

图 4-7　单嘴喷头扇形对接　　　　　　　　图 4-8　180°喷头摆喷哑铃形对接

（3）旋喷常用两种形式

①用旋喷法喷成的连锁桩柱型结构。结构特点：桩墙厚度大，一般取交圈

厚度为墙体最小厚度。交圈厚度计算公式如下：

$$D=2\sqrt{r^2-\left(\frac{L}{2}\right)^2}$$

式中：D——旋喷桩套接交圈厚度（m）；

　　　r——旋喷桩半径（m）；

　　　L——旋喷桩孔间距（m）。

连锁旋喷桩缺点在于随着地层的加深，单桩直径有所减小，产生缩径现象，会影响桩间搭接。对于深孔采用此种搭接形式要慎重。

②用180°喷头定喷或摆动喷射20°～40°而形成的板墙体，与旋喷桩对接。通过定喷或摆喷形成板墙插入桩体，能够解决旋喷桩下部缩径产生搭接不上问题。两种定喷结构如图4-9、图4-10所示。

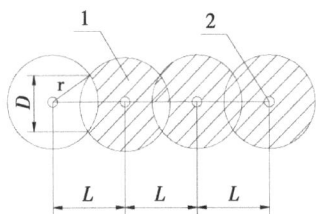

1.旋喷桩　2.孔位　3.摆喷体

图4-9　旋喷套桩搭接示意图　　　　　　图4-10　旋摆搭接示意图

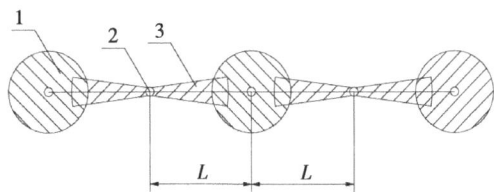

4.3.3　双排防渗结构

为增加墙体宽度，提高防渗效果，有时将高喷防渗体设计成双排结构，排间距多为0.5～1.0m，形成双排结构依据不同单排结构而不同，常见布孔及结构有如下几种形式，见图4-11～图4-14。

（1）摆喷对接双排结构

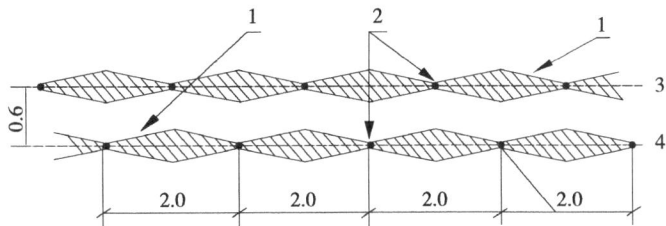

1.摆喷体　2.孔位　3.上游排轴线　4.下游排轴线

图4-11　摆喷对接双排防渗结构示意图（m）

（2）旋摆结合双排结构

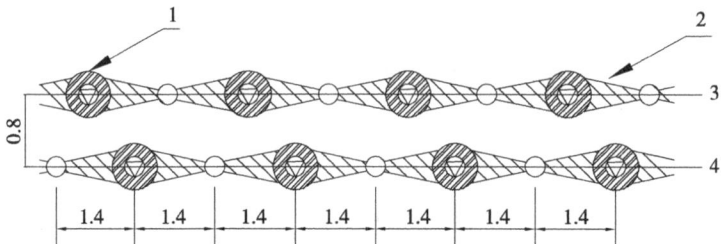

1.旋喷桩　2.摆喷体　3.上游排轴线　4.下游排轴线
图 4-12　旋摆结合双排结构（m）

（3）同一轴线定摆结合双排结构[20]

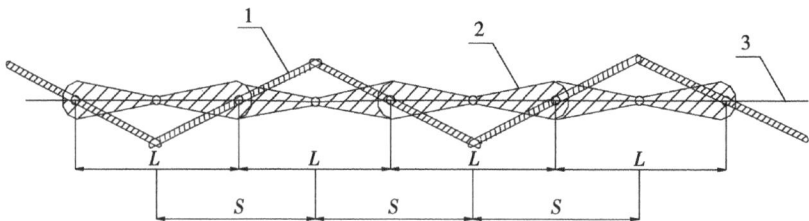

1.定喷折线板墙（孔间距 L）　2.摆喷对接板墙（孔间距 S）　3.轴线
图 4-13　同一轴线定摆结合双排结构示意图

（4）夹心（复合）式防渗结构[21]

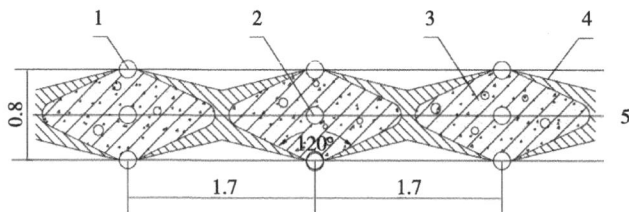

1.高喷孔　2.充填孔　3.墙体内核　4.高喷板核　5.墙轴线
图 4-14　夹心式防渗结构（m）

　　双排高喷防渗结构，多用于透水性较强的砂砾覆盖层防渗，因一排防渗体不能达到预期防渗目的而设计。有时还可以结合其他形式灌浆形成整体防渗体。如图 4-14 的夹心式防渗墙，由双排高喷板墙相互连接成菱形井状结构，菱形井内静压充填灌浆构成。

一般说来不论采用何种结构形式，为了减少水量损失，都要把整个渗漏地层截断，即四周都应嵌入不透水轮廓或与之进行有效的连接。但是，有的工程只有防汛安全要求、有的资金不足等而不需要或不可能做全封闭式帷幕，因而只在极需要的地段进行局部截渗。或采取悬挂式帷幕以延长地下轮廓渗径的措施。

总之，无论采用哪种结构形式在实际应用中，应根据工程地质情况、投资规模，在与其他防渗方案详细比较后优势明显情况下才能使用。

4.4　高喷板、桩与构筑物连接

高喷板、桩与其上部混凝土建筑物的连接，按其施工顺序可分为2种情况：一种是在已成建筑物基础下面构筑高喷板墙和桩，另一种是高喷灌浆在前，上部混凝土灌筑在后。下文分别对2种连接形式加以论述。

4.4.1　高喷板墙和桩与既有混凝土基础的连接

（1）底板下防渗体

高喷板墙和桩与既有混凝土基础的连接，多位于挡水建筑物底板下方，底板作为灌浆施工平台，灌浆机具在其下端按设计结构喷射形成单排或双排防渗体。图4-15为辽宁省朝阳市李家湾灌渠渠首建筑物底板下双排高喷防渗板墙[22]，施工中发现混凝土底板边缘冒浆（图4-15中6位置），垂直板墙的浆脉可达2~3m。图4-16为通过开挖检查底板与高喷板墙搭接情况，显示接合面积大，交接良好，无缝隙。图4-17为现场开挖墙体描述示意图。

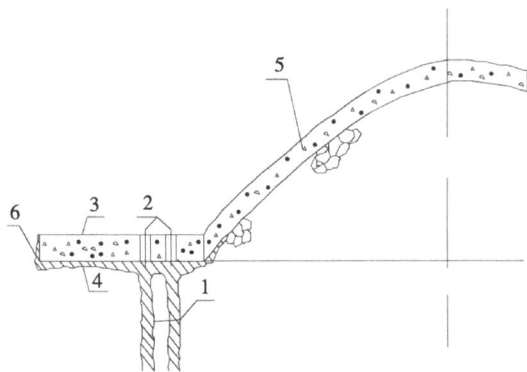

1.双排防渗板墙　2.双排孔位　3.混凝土底板　4.搭接浆脉　5.驼峰堰　6.延伸浆脉

图4-15　底板下防渗体搭接

图 4-16　现场开挖检查底板与高喷板墙搭接情况

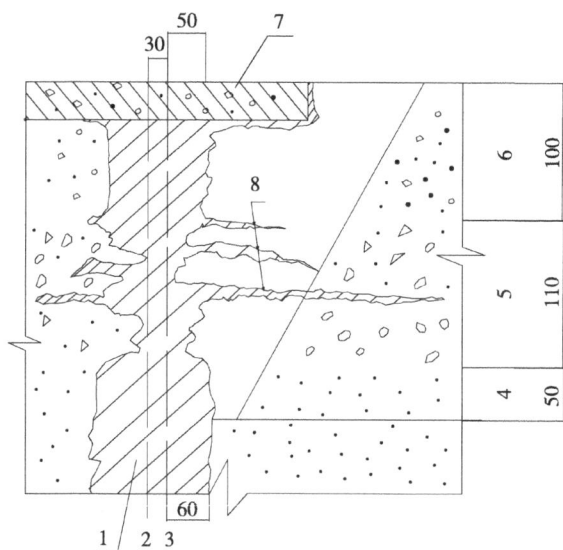

1.高喷墙体　2.上游排轴线　3.下游排轴线　4.粗砂层
5.粗砾层　6.细砾层　7.混凝土底板　8.浆脉
图 4-17　现场开挖墙体描述图示（cm）

（2）连接可靠性

①高喷灌浆过程中，槽、孔中的喷射体，在浓缩沉淀、析水以及不断补浆的过程上，其密度相对灌注浆液而言，由于饱和压力的作用而大大增加。

②在土壤中的板墙和桩体，一直处于潮湿的环境中，或者低于地下水，水分不能蒸发，故不能引起体积收缩。

南斯拉夫教授，E. 农维勒（E.Wcnveiller）博士曾对不同成分的帷幕灌浆浆液做了收缩性试验。将析水浓缩后的试件，立即放入特制的比重瓶内。如图 4-18 所示。在试验期间，保持恒温，其体积差 ΔV 可在窄小的透明玻璃管的刻度上精确地读得。体积收缩的百分比可用原体积 V 的百分比数表示为：$\theta = 100\Delta V/V$[23]。

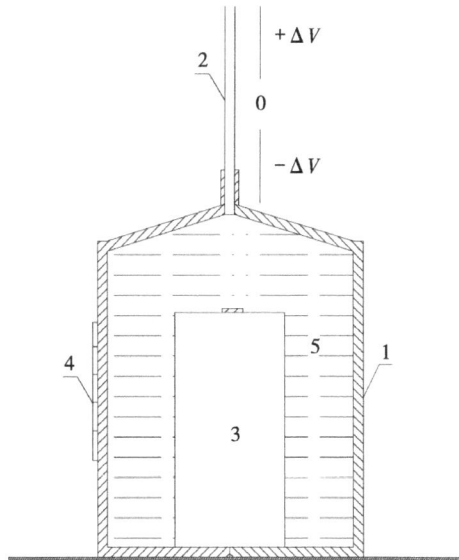

1. 封闭瓶　2. 刻度管　3. 试样　4. 温度计　5. 水
图 4-18　量测试件体积变化的比重瓶

试验表明：所有被试验的式样都出现负收缩，即都有一些膨胀。在黏土较多的试样中这种膨胀更为明显。在工作中，从观察和渗漏量的资料进一步证实，灌注的黏土水泥浆是安全稳定的。

③既有工程的混凝土底面与地基土间，经过长期的运行，均可能因接触渗透而形成管涌缝隙；新建工程的混凝土基础底面，一般均铺有散粒垫层；此外，在高压喷射过程中，水、气、浆射流在两种不同介质的接触冲刷作用等情况，都可使界面上的灌浆影响范围或浆脉的充填距离，远远大于其他层位上高喷板墙和桩的断面面积。从而，大大加强了它们与上部建筑物的连接性能。

④只要做到高喷结构体设计合理，工艺措施得当（例如重复喷射、静压补灌等）便可在板墙和桩与上部建筑物的界面上，避免出现最有害的，上下游贯通的水平缝隙。

针对连接可靠性问题，在一些工程中，做了专题试验与检查。通过数孔原体剥离开挖表明，板、桩与其上部混凝土间的接触面积都比板、桩断面积大。浆液与混凝土胶接性能良好。大量工程的施工检查以及运行效果也均对连接质量做了肯定的验证，见表4-4。

表4-4　高喷板墙和桩与既有混凝土板的连接情况

序号	工程名称	运行与施工情况		
		处理前	施工中	处理后
1	浑河拦河闸	运行30年，混凝土底板渗径不足，闸后底板排水孔翻砂冒水	浆液对底板充填饱满，底板裂缝及失效陷缝均有浆液，浆脉可达3～5m	连续4年设计水位运行，闸后排水孔消除了翻砂冒水现象效果十分明显
2	沙河地排灌站	穿堤方涵外壁有渗漏通道，当水头大于1m，堤后夹砂渗漏严重	方涵底板处、吃浆量大，浆液充填充分	连续3年大洪水考验，水头2.5～4.5m，原渗漏现象消除
3	兰山水库	堤下输水洞出口边墙漏水严重	浆液洞口边墙冒出，浆脉可达5～6m	运行7年没有渗漏现象发生
4	周套子排水站	穿堤涵洞渗径不足下游有翻砂，坍坑	灌注浆液沿底板从涵洞进口冒出浆脉约3m	运行6年情况正常
5	黑鱼沟灌溉站	新建闸底板下围封工程	浆液沿混凝土底板从未处理好的沉陷缝中冒出浆脉3m	运行正常
6	李家湾截潜工程	新建闸底板下截潜工程	板墙与混凝土盖板闸浆液饱满，垂直板墙的浆脉可达2～3m	开挖检查，证明接合面积大，交接良好无缝隙

4.4.2　混凝土基础与已成高喷板、桩的连接

在高喷板、桩上，构筑混凝土基础有以下几种连接形式。

（1）挤压式连接

高喷板（桩）墙形成后，在较短养生期（5～7d）后，达到初凝以上强度，墙体经析水沉淀已稳定，其上表面可以承受操作工人的自重。同时沉降计算表明，上部建筑物的沉陷量对避免接触面缝隙及加速墙体固结十分有利，此时在其开挖基槽上可直接浇筑混凝土，槽中间部分混凝土微微嵌入墙体中，与其无缝结合。适用于工期安排紧凑，不留足够养生期条件下在高喷板（桩）墙上施工，如4-19所示。

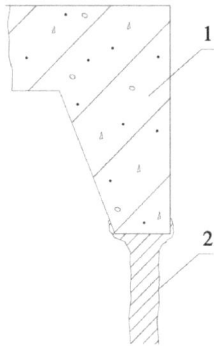

1. 混凝土　2. 高喷墙体
图 4-19　防渗土工膜衔接

（2）防渗土工膜衔接

此法要求在高喷墙体形成后，初凝前要第一时间埋入一定深度复合土工膜
（0.5～1.0m），上部也要预留一定搭接长度（1.0m 左右），待高喷体完全凝结后，
将上部预留复合土工膜浇筑混凝土中，如果两者接触面一旦产生裂缝情况，可用
之起到止水防漏目的（图 4-20）。

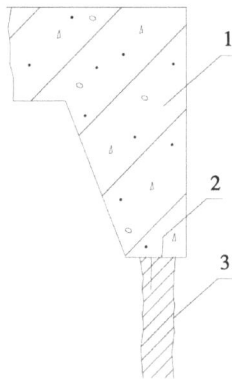

1. 混凝土　2. 复合土工膜　3. 高喷墙体
图 4-20　防渗土工膜衔接

（3）开挖露头包裹连接

高喷灌浆形成墙体埋藏于地下，要在其上形成建筑物，需要达到龄期并满足
承载强度的条件，而后进行表面开挖使其板（桩）头暴露，露头长度一般 0.3m
左右，清除表面碎屑，在暴露板（桩）头周边浇筑混凝土形成包裹连接。该种
连接是较常用形式，如 4-21 所示。

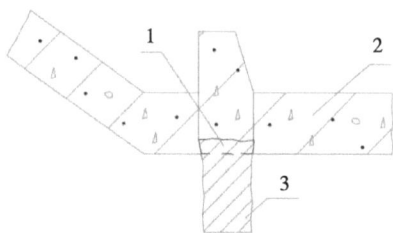

1.露头墙体　2.混凝土趾板　3.高喷墙体

图 4-21　开挖墙体露头包裹连接

5　高压喷射灌浆材料

高喷灌浆是从化学灌浆发展起来的，起初在日本使用过丙烯酰胺系注浆材料，在砂层和黏土层内止水。但因有污染问题而被禁止使用。这种材料在我国价格昂贵，也不宜使用。日本旋喷法使用的浆液均为双液体系，分别为水泥－水玻璃体系和水泥加入适量的硬化剂体系，这些材料在我国早期高喷灌浆施工中都有应用。但因有的为化学材料，存在污染问题且造价高，仅是小规模特殊环境下使用。

我国高喷灌浆施工大量使用的为单液体系，一般都是水泥浆，有的就地取材掺加黏土形成水泥黏土浆，有的为改善浆液的和易性，在其中加入一定量膨润土，有的还试验加入抗冻材料和其他外加剂材料，这些都是为了解决地基加固工程的强度、防渗及工艺问题而考虑的因素。对于水利工程，浆材的性能以考虑防渗性为主，强度要求为辅，同时考虑与地层的适应性，并力求降低工程造价。

5.1　常用浆液的配制

5.1.1　配制浆液的原则

浆液与地层土凝结所形成的固结体应满足下列条件：固结体的极限抗压强度大于其顶部土压力和自重压力之和；弹性模量接近于周围地层介质的弹性模量；抗渗标号满足防渗体的渗透稳定和设计对透水性的要求；在长期水头作用下，能保持稳定，不受冲蚀。喷射灌浆的浆液是通过喷嘴喷出，所以浆液应有较好的可喷性。若浆液的稠度过大，则可喷性差，往往导致喷嘴及喷管堵塞，同时易磨损高压泵，使喷射难以进行[24]。稠度过小降低灌浆效果。配制浆液一般原则：

（1）为便于施工，浆液需具有一定的流动性。

（2）浆液应具有良好的稳定性，以免过早产生沉淀，影响浆液的灌注。

（3）灌浆所用材料，应尽可能地采用固粒浆材，只有在固粒浆材不能达到灌浆处理的目的，才考虑采用化学灌浆材料。

（4）在满足设计要求的条件下，尽量采用当地材料，以降低工程造价。

5.1.2　常用灌浆材料

5.1.2.1　灌浆原材料

目前，常用的高喷灌浆原材料为水泥、黏土、膨润土及外加剂。

（1）水泥

水泥是灌浆材料中最主要的水硬性胶结材料，在没有侵蚀性地下水的条件下，一般选择当地普通硅酸盐水泥，其标号不低于 P42.5 级均可满足灌浆要求。

（2）黏土

黏土是作为细颗粒填充料加入浆液的，用以减少水泥用量，并能改善浆液的安定性和黏滞性。黏土也是特种矿物质，是由一群或多群带有氧化镁或代替晶格内部分或全部铝离子的离子，或含有少许碱离子的硅酸铝片状结晶颗粒所组成。一般应满足塑性指数为 10 ~ 20；黏粒（粒径小于 0.005mm）含量不少于40% ~ 50%；粉粒（粒径 0.005 ~ 0.05mm）含量不多于 45% ~ 50%；含砂量（粒径 0.05 ~ 0.25mm）不大于 15%。但为了就地取材，往往就要放宽对含砂量的要求，对此，只要加强过滤，也都是可用的，以下为几个工程黏土料的土工试验成果，见表 5-1。

表 5-1　黏土土工试验成果表

颗粒组成				比重	流限	塑限	塑性指数	分类名称	工程名称
砂粒		粉粒	黏粒						
细	极细								
粒径大小（mm）									
2 ~ 0.10	0.10 ~ 0.05	0.05 ~ 0.005	< 0.005	G	W_L	W_P	I_P		
(%)	(%)	(%)	(%)	—	(%)	(%)	—		
	21	43	36	2.71	35.5	20.8	14.7	中液限黏质土	辽宁省沙河池排水站
	25	32	43					高液限黏质土	湖北省漳河水库
2	17	39	42		40.1	23.6	16.5	中液限黏质土	辽宁省宫山嘴水库

（3）膨润土

膨润土的特性：当它与水接触就显著的膨胀分散，形成粒径为 0.001～0.01μm 有黏性和触变性的胶体。在有条件的地方也有采用膨润土作为灌浆材料灌浆的，一般市售膨润土多为 200～300 目，也有 80 目者就比较粗。膨润土材料悬浮性极好，特别是钠基膨润土。常用 200 目钠基膨润土，其物理、化学性质见表 5-2。

表 5-2　膨润土颗粒组成及物化性质

颗粒组成（%）				蒙脱石含量（%）	膨胀倍数	吸水速度（mL/s）	含水率（%）	液限（%）	塑限（%）	塑性指数（%）	比重	pH
2～0.05	0.05～0.005	0.005～0.002	<0.002									
24	27	19	30	82.42	12	0.17	9.54～10.0	31.0	37.0	43.8	2.45	6.8

5.1.2.2　灌浆浆液

鉴于上述各种材料的不同特点，常用的浆液有纯水泥、黏土浆、膨润土浆，有时可以把两种材料混合使用形成水泥黏土浆、水泥膨润土浆，以及这些浆液加入外加剂形成的浆液。纯水泥浆配合比多为水泥：水 =1～1.5：1，形成固结体强度高，渗透系数一般可达到 $A×10^{-6}$cm/s（A=1～10），适用于既有防渗要求，又要求强度高的工程。纯黏土浆一般被称为当地材料浆材，它的特性是可灌性好，价格低廉，但形成固结体强度低、耐久性差，一般使用较少。膨润土浆凝结性差，作为灌浆材料不常使用，但其悬浮性好的特性使其成为钻孔护壁理想浆液。

在水泥中掺入较多量的黏土，其掺入量不超过干料中总量的 50% 时，称之为水泥黏土浆。因为黏土虽然有细度高、分散性强，制成的浆液稳定性高，可就地取材等许多优点，但其结石强度太低，抗压抗冲刷的性能很差，为其极大的弱点。水泥的优点是强度高、缺点是颗粒粗，浆液的稳定性差，价格较高。水泥和黏土混合，在很大程度上可以相互弥补缺点，从而构成性能良好的灌注浆液。水泥黏土浆的胶体率、黏度随黏土掺量的增加而增大，比重、强度等指标则相对减少。其防渗指标要好于纯水泥浆，在堤防防渗灌浆工程中被较广泛使用。水泥黏土浆在堤防灌浆中制浆工艺流程如图 5-1 所示。

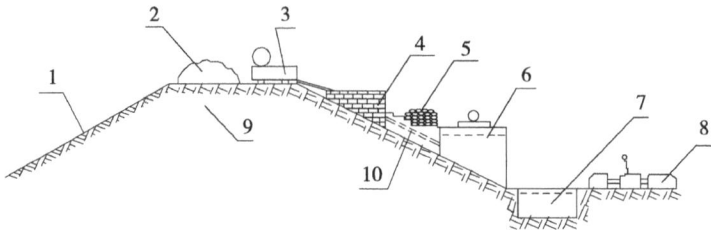

1. 迎水坡　2. 黏土　3. 泥浆搅拌机　4. 泥浆池　5. 水泥　6. 灰浆搅拌机
7. 灰浆槽　8. 泥浆泵　9. 堤体　10. 泥浆自流管路

图 5-1　水泥黏土浆制浆工艺流程

此外，在纯水泥浆加入一定量的膨润土，掺量为水泥用量 3%～5%，形成水泥膨润土浆，以改善浆材的可灌性和满足输浆工艺上的要求，由于掺入量小，也可视其为外加剂。还有的配制成水泥黏土膨润土浆供工程使用。这些高喷灌浆材料均以无机材料为主，在特殊情况下，还要掺入有机化学材料外加剂。关于外加剂材料的使用将在下一节专门介绍。

5.1.3　配制浆液方法

纯水泥浆配制：在使用水泥材料时可以根据使用条件、环境水特点，进行必要的试验即可使用，配制方法采用定量搅拌法。

黏土浆配制方法有两种：干法制浆和湿法制浆。干法制浆是将上料进行晾晒，晒干以后在工棚内储存，然后使用粉碎机将其加工成土粉备用；泥浆浓度可依据水土比或泥浆密度其中的一种标准来控制。湿法制浆采用的是天然的湿土，各项指标符合施工要求后，将其直接投入搅拌机内搅拌成泥浆，但必须保证其泥浆浓度[25]。鉴于干法制浆工艺较复杂，实际工程上使用多为湿法制浆。

黏土浆配制事先要按一定的要求进行试验，配制出多种配合比的黏土浆液，测定其比重、黏度、胶体率等试验值，供现场施工配制水泥黏土浆使用。水泥黏土浆是在配制好的黏土浆中，按设计配方掺入适量的水泥，与纯水泥浆一样采用定量搅拌法。其配合比通常采用水泥∶黏土∶水（重量比）的形式来表示。以配合比为 $a∶b∶c$（水泥∶黏土∶水）为例，配制 V 容量的水泥黏土浆，其比重及需要水泥量、黏土量、水量，可由下列公式计算[26]。

（1）水泥黏土浆比重：$r=\dfrac{a+b+c}{\dfrac{a}{r_1}+\dfrac{b}{r_2}+c}$。

式中：r——水泥黏土浆比重；

　　　r_1——水泥比重；

　　　r_2——黏土比重；

　　　水的比重取 1。

（2）水泥用量：$A=\dfrac{V}{\dfrac{a}{r_1}+\dfrac{b}{r_2}+c}$。

式中：A——水泥量（kg）；

　　　V——计划制出的水泥黏土浆量（L）。

（3）泥浆用量：$V_1=\dfrac{Ab\,(r_2-1)}{r_2\,(r_3-1)}$。

式中：V_1——泥浆量（L）；

　　　r_3——黏土浆比重。

（4）水用量：$W=Ac[1-\dfrac{b\,(r_2-r_3)}{cr_2\,(r_3-1)}]$。

式中：W—水量（kg）。

　　根据工程的地质条件及建筑物的防渗要求，辽宁省水科院在室内外大量试验的基础上，优选出多种水泥黏土浆液配比，在工程中采用并测定其在地下形成固结体的物理、力学特性，如表5-3、表5-4所示。由两表看出：固结体的渗透系数均在 10^{-6}cm/s 以上远远小于被处理地层土的渗透系数（一般为 $10^{-3}\sim10^{-1}$cm/s），其弹性模量为 $10\sim10^2$MPa，力学性能也比较好，其强度均能满足设计要求。大部分浆液黏土掺量较大，材料费很低。由此可见所选用的浆液都是比较理想的。

表5-3　浆材物理、力学性能指标

配方 水泥∶黏土∶水（重量比）	水干比	浆液中土料名称	比重（g/cm³）	黏度（s）	析水率（%）	抗压强度（MPa）			弹性模量（MPa）			渗透系数（cm/s）	渗透破坏坡降
						7d	28d	180d	7d	28d	180d		
1∶0.2∶1	0.83	中液限黏质土	1.58	22.6	21.5	2.12	10.57	14.81	4.94×10^2	1.99×10^3	3.52×10^3	1.42×10^{-7}	5200
1∶1∶1.6	0.80	中液限黏质土	1.57	23.1	10	0.43	2.21	3.76	72	2.1×10^2	5.2×10^2	7.91×10^{-6}	3206

续表

配方 水泥：黏土：水（重量比）	水干比	浆液中土料名称	比重(g/cm³)	黏度(s)	析水率(%)	抗压强度（MPa）			弹性模量（MPa）			渗透系数(cm/s)	渗透破坏坡降
						7d	28d	180d	7d	28d	180d		
1：2：2.8	0.93	中液限黏质土	1.49	24.8	8	0.17	0.62	0.75	24	89	1.7×10^2	2.67×10^{-7}	1240
1：1：2	1.00	高液限黏质土	1.47	23.6	6.6	0.08	2.35	5.63	4.0	3.5×10^2	8.9×10^2	3.22×10^{-7}	2276
1：0.7：2.8	1.65	膨润土	1.29	23.0	8.3	0.05	0.67	1.32	5.5	3.6×10^2	4.2×10^2	4.83×10^{-7}	982

表 5-4　固结体抗压、抗渗性能

配方 水泥：黏土：水（重量比）	浆液中土料名称	地层岩性	抗压强度（MPa）	弹性模量（MPa）	渗透系数(cm/s)	渗透破坏坡降	备注
1：1：2	高液限黏质土	第三系半胶结细砂岩	0.84	7.8	1.5×10^{-6}	1033	
1：0.2：1	中液限黏质土	极细砂	2.35～3.27	8.7×10^2	4.7×10^{-7}	1667	
1：1：1.6	中液限黏质土	含砾中细砂	0.84～1.07	1.2×10^2	1.6×10^{-7}	1333	
1：2：2.8	中液限黏质土	粉质细砂	0.18～0.62	34	3.3×10^{-8}	780	
1：0.5：3.3	膨润土	细砂	1.05～1.31	16.5～24.8	4.1×10^{-7}	1667	
1：0.1：1	膨润土	重粉质壤土	7.14	68.2	1.3×10^{-7}	3533	

5.2　外加剂的使用

高喷灌浆使用的材料，主剂为水泥和黏土。同时根据不同的灌浆目的和施工效果，在主剂之外，需掺入其他外加剂材料，这样的工程实例屡见不鲜。这里主要介绍由于工程需要而加入的速凝剂、早强剂、防冻剂、抗收缩剂等已使用或有发展前途的外加剂及各种充填材料。

5.2.1　氯化钙

作为水泥速凝剂使用的氯化钙，是按水泥用量的重量百分比加入的。掺量一般为 2%～3%，过低则不起作用。工业用氯化钙呈白色、粉状、易水解，一般用铁桶或塑料编织袋装、价格较低。施工使用时一般是掺入搅拌泥浆的水中。但从工艺上和安全方面考虑，较好的方法是掺入高压水中，喷入地下与浆材混合，这样更机动。其掺入量的计算公式如下：

$$W= \frac{1000nmrQ_1}{Q_2}$$

式中：W——每 1.0m³ 高压水掺入量（kg）；

$\quad\quad\quad Q_1$——灰浆泵排量（L/min）；

$\quad\quad\quad Q_2$——高压水泵排量（L/min）；

$\quad\quad\quad r$——灰浆比重；

$\quad\quad\quad m$——外加剂与水泥掺量比；

$\quad\quad\quad n$——配方中水泥的掺量比。即：

$$n= \frac{X}{X+Y+Z+K}$$

X ∶ Y ∶ Z ∶ K= 水泥∶黏土∶水∶外加剂。

在辽宁大连永记水库高喷灌浆防渗加固中使用了氯化钙，其掺量为水泥用量的 3%。固体氯化钙直接加入水箱中溶解，再由高压水泵泵送至灌浆管喷嘴处喷出，直接与水泥浆及地层颗粒掺搅混合。由于其在渗漏地层中起到速凝作用，坝后几处管涌点得以消失，渗漏量明显减少。

5.2.2　水玻璃

水玻璃不是单一的化合物，而是氧化钠（Na_2O）与无水二氧化硅（SiO_2）以各种比率结合的化学物质[27]。化工材料中称为偏硅酸钠，在高喷灌浆中多用它作为速凝剂，工业用为白色半透明液体，最常用的控制指标是模数和比重。灌浆用的水玻璃，要求选用模数为 3 左右中比重较大者。当水玻璃的黏度过大时，可采用加温或者加入适当 NaOH 的方法降低黏度。水玻璃均呈碱性，但近来已有改性水玻璃，可以大大减少对环境的污染。施工中多是直接掺入拌和水泥用的水中搅拌或者掺入高压水中，经喷射在地下与水泥浆混合。新疆某水库在处理副堆石坝坝体时，曾按体积比 10% 的用量掺入高压水中使用。河北某水库基础处理中，曾使用水泥∶水玻璃 =1∶0.02～1∶0.04 做过试验。实际上由于水玻璃的模数、比重不同，凝结时间是不同的。一般随着水玻璃浓度增大，凝结时间增大；同一浓度的水玻璃，随水灰比增大，凝胶时间增大[28]。施工使用前，应该先做配方试验，再加以使用。

5.2.3　膨胀剂

在高喷施工中，由于大量高压水的掺入，使水泥灌浆材料在刚刚结束喷射后的 15h 内，产生固结与收缩，沉降值有可能达到其喷射长度的 1/3 左右。为此在工艺上一般都采取补浆或超喷的措施，满足设计尺寸要求。随着时间的增长，材料将在地温下慢慢析水并固结，在此过程中材料的胀缩现象是人们普遍关注的。在地层中的固结体，当处于潮湿状态下，水分不蒸发不会引起体积的收缩，甚至可能产生负收缩。但是为了防止在其他环境中产生收缩现象，防止由于收缩而产生裂缝或与其他结构物胶结不良，有必要研究防收缩的材料。

（1）铝粉膨胀剂

所使用铝粉以 300 目为宜。这种配方防收缩机制，主要是水泥中的硅酸盐微溶于水，水解后呈弱碱性。铝粉在碱水溶液中产生氢气，体积增大。实质上是由于加气的作用导致其体积膨胀。而膨胀量的 90%，可在数小时内完成，从而用它来抵消水泥固结时，在塑性阶段的收缩沉降变形。掺入铝粉的固结体强度会略有降低。

（2）U 型膨胀剂

为中国建筑材料科学研究院研制的一种混凝土外加剂，主要成分有硫铝酸钙矿物和无机矿粉等，外观为灰白色粉末。该产品对混凝土和水泥浆固结体有显著的补偿收缩、抗裂等作用。高喷灌浆时掺入水泥浆或水泥黏土浆中，对固结体起防收缩膨胀作用，并增强其抗渗性。U 型膨胀剂在辽宁某坝基的灌浆中使用，掺入量为水泥用量的 8%～10%，经取样试验和防渗效果观测，取得效果明显。

5.2.4　防冻剂

在北方地区浅层基础高喷中，会遇到固结体因冻害而造成冻胀和隆起。在东北某铁路桥桥墩工程高喷施工中，对高喷材料中加入防冻剂进行试验研究。结果表明，加入氯化钙（掺量约 2%）和沸石粉（掺量约 20%）均可提高浆材的抗冻性。

5.2.5　各种充填材料

（1）膨润土

又叫膨土岩、斑脱岩。主要成分为蒙脱石，其主要物理化学性质是吸湿性、有较强的阳离子交换能力。我国以辽宁黑山所产的钠型膨润土为品质最好品种之一。作为一种灌浆材料，它用于钻探及灌浆工程由来已久。掺入水泥材料中的膨润土，一方面可以提高材料固结后的抗渗能力，改善固结体的物理力学性质；另一方面能减少水泥中石灰可溶性成分，增加固结体的抗侵蚀性。同时钠基膨润土以其特有的高胀膨性在水中可形成永久性的浮浊或悬浮体，改善浆材输送工艺条件。因此即使在纯水泥浆高喷中，也应加入 3% ~ 5% 的膨润土改善工艺条件。

（2）粉煤灰

是一种工业生产产生的废渣，主要来源于燃煤电厂。其外观为干粉状的散粒体。其主要化学成分是 SiO_2 和 Al_2O_3，比重为 2.0 ~ 2.65，颗粒呈球形，比表面积 200 ~ 500m^2/kg。如粉煤灰中氧化钙含量较高时，被称为高钙粉煤灰，其活性更佳。故在浆材中加入粉煤灰的意义，就不单纯是为节省水泥材料而加入的一种充填料，它同时也有利于水泥水化，提高固结体的强度，另一方面可以使以水泥为主剂的高喷固结体，由于加入一定的粉煤灰，而减少碳酸盐性、硫酸盐性等化学侵蚀。

（3）矿渣

顾名思义一般地讲是高炉炼铁过程中的废渣，经几级微粉碎后一般比表面积在 100 ~ 400m^2/kg，干粉的粒径为 2 ~ 15μm，比重为 2.9 ~ 3.0。其化学成分以氧化钙居多，占 42% ~ 43%，其次为二氧化硅占 34.5% ~ 33.5%。掺入水泥中，可提高固结体的耐久性。同时，当材料中存在某种活化剂时，它会显现出明显的胶凝性。目前在高喷浆材中加入矿渣仅仅作为填加剂考虑，其意义也仅限于填充渗流通道，减少浆材耗量而已。

（4）细砂

在高喷施工中往往为了防止漏浆、改变地层级配、堵塞通道、增加抗渗性而充填细砂。同时又由于地层岩性不同（如黏土及亚黏土地层等）或因施工工艺配方的缘故，有时可能使孔内浆液中水泥含量过高，而使浆材的某些性能不甚理想，浆材试验结果如表 5-5。由此可见在浆材中加入细砂，就不单单是作为节约水泥而加入的充填料，而且对改善浆材的某些性能也有好处。在选用细砂时，以风成砂为佳，细度模数不大于 2，粒径不大于 1.0mm。从固结和浆管通畅方面考虑，其配比细砂：水泥 = 0.5：1 ~ 0.8：1 为佳。

表 5-5　纯水泥浆与水泥砂浆凝结试验结果

浆材类别	凝结情况养护水温 8 ~ 12℃		抗冲恻能力
	24h	96h	
纯水泥浆	未凝	凝结稍差	较弱
1：1 水泥砂浆	稍凝	凝结成块	较强

6　高压喷射灌浆施工

6.1　施工准备

6.1.1　技术准备

（1）施工前，要准备有关项目的高喷灌浆设计文件，含设计报告、施工图和工程地质水文地质资料，还要备齐施工中使用的标准，施工记录所用各种表格等。

（2）建设、设计、监理等单位向施工单位进行技术交底。施工方对地质资料、施工布孔图及设计中高喷灌浆参数认真复核，并编写施工组织设计。

（3）施工组织设计主要内容如下：

①工程概况；②施工要求及主要技术参数；③施工平面布置；④主要施工工序及高喷灌浆注意事项；⑤工程量及施工进度计划；⑥主要施工机械及劳动力配置；⑦施工备料、冬雨季施工安排；⑧施工质量控制体系；⑨质量检验及工程验收。

6.1.2　施工现场准备

（1）平整场地，平整场地应根据工程设计和施工组织设计要求进行，清除地面障碍物，并对可能产生机械失稳的软土和行走机械宽度不足部位进行加固处理，形成稳固的灌浆施工平台。

（2）施工临时设施，包括供水、供电、道路、临时房屋以及材料库等。供水、供电应设置专用管路和线路，作为搅拌水泥浆所用的水，应符合《混凝土用水标准》JGJ 63—2006 的规定。材料库用以储存一定数量的物料，防风、防雨、防潮。冬季施工临时库房还要有防冻措施，保护泵体不会冻坏。

（3）环境保护措施，施工现场应设置废水、废浆处理和回收系统，布置开挖冒浆排放沟和集浆坑。

（4）施工前应调查钻孔和灌浆位置有无地下管线及构筑物布置，确定其具体位置，做好避让补充设计方案。对于水准基点、轴线桩位和设计孔位置等，应复核测量并妥善保护。

（5）施工场地应设置安全标志和安全保护措施。

6.1.3　施工试验准备

（1）固结体的凝结试验

实际高喷灌浆中，通常做法是灌浆前通过对浆液的凝结试验，测定浆液的初凝时间和终凝时间来指导施工。日本使用双液体系浆材，其凝固时间一般在3min左右，但快速凝结并不可取，需要考虑浆液在输浆管路及灌浆管流动时间。我国使用的单液水泥浆系，初凝结时间一般在数小时到十几小时，在满足灌浆工艺要求下，尽量选择短的凝结时间。因为在地下水流速大或个别严重漏水部位，对浆液稀释冲走是可能的。这时除了从施工工艺上采取措施，如先用浓浆进行静压灌浆，使其"吃饱"后再进行高喷灌浆办法外，还必须在浆液加入速凝剂加速其凝结。

（2）现场试验

重要的、地层复杂的或深度较大的高喷灌浆工程，应选择有代表性的地层进行高喷灌浆现场试验。有以下地质情况必须进行现场试验：

①当用于处理地下水具有侵蚀性、地下水流速过大的地基工程时，宜通过试验确定其适用性。

②当土中含有较多的大粒径块石、坚硬黏性土、含大量植物根茎或有过多的有机质时，对淤泥和泥炭土以及已有建筑物的湿陷性黄土地基的加固，应根据现场试验结果确定其适用程度。应通过高喷灌浆试验确定其适用性和技术参数。

现场试验的目的是查明喷射灌浆形成固结体的长度（或直径）、渗透系数和强度等技术指标，验证设计的可靠性，从而优化设计，确定正式施工的灌浆参数和浆液合理配比。

6.2　施工工艺

高喷灌浆施工大体分为钻孔、制浆、喷射灌浆 3 道工序。其工艺流程见图 6-1 所示。

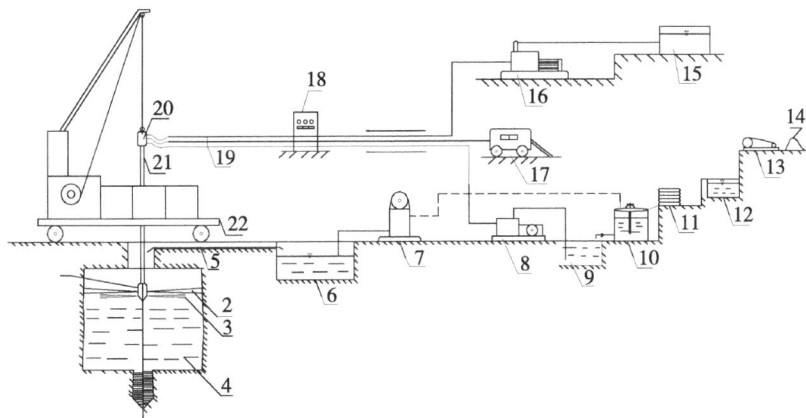

1. 喷头　2. 水气喷射流　3. 浆射流　4. 旋喷体　5. 回浆沟　6. 沉砂池　7. 回浆泵　8. 泥浆泵
9. 灰浆槽　10. 灰浆搅拌机　11. 水泥　12. 泥浆池　13. 泥浆搅拌机　14. 黏土　15. 水槽
16. 高压水泵　17. 空压机　18. 中控台　19. 胶管　20. 送液器　21. 三重管　22. 喷射台车

图 6-1　高喷灌浆工艺流程示意图

6.2.1　钻孔

6.2.1.1　总体要求

总体要求钻机形成的裸孔泥浆护壁 12 ~ 24h 不塌孔，孔径大于喷射管外径 2 ~ 5cm，以保证喷射时正常反浆。深度略大于设计孔深 0.3 ~ 0.5m，留出落淤沉淀余量。孔斜率控制不大于 1%，每孔以测斜仪量测。开孔时，钻头对准孔位中心，控制孔位偏差 1 ~ 2cm，同时整平钻机，放置平稳、机身水平。钻进过程中护壁泥浆，黏土泥浆容重一般为 1.1 ~ 1.25g/cm³，膨润土浆一般控制在 1.15 ~ 1.2g/cm³。随时注意地层变化，对孔深、塌孔、漏浆等情况，要详细记录。终孔要以测深、测斜都满足设计要求经监理签字为结束，将孔口盖好，以防杂物掉入孔内。

6.2.1.2　砂（砾）卵石层成孔方法

高喷施工中的造孔数量之多是任何一种高精度的地质勘探都不能比拟的。不能快速高效地造孔，不仅提高施工成本，同时也影响施工进度。在常见地层中，第四系砂（砾）卵石地层钻孔普遍存在塌孔，钻探器材消耗多，进尺慢，易卡钻，护壁难度大，事故率高等影响进度难题。

在工程实践中，多采用冲击造孔法在砂（砾）卵石层中钻进，可以将卵石击碎或挤向孔壁，有时也会使用回转钻进将个别大径卵石钻穿。但成孔后多数固壁不成而塌孔，达不到设计深度。并出现卵石"卡"在钻杆上造成折损钻杆现象。为此实践中探讨出改进砂（砾）卵石层造孔几种方法如下：

（1）跟管钻进法

目前较成功的造孔方法是跟管钻进法，即一边钻进一边跟管，可以防止钻进过程中孔壁坍塌。其要点：①用苞米钻头钻、拨砂卵石，或用岩芯钻回转钻进，跟入套管；②对超径（指超过套管直径的）卵、漂石采用孔内小型爆破法炸碎卵石再引管成孔；③成孔后用导管由孔底注入胶冻浆液或用植物胶护壁，置换出孔内泥浆。起拔套管时，保持孔内浆柱压力不变，即可保持裸孔在数小时，乃至数日不塌。采用此法可以达到每台班进尺 4~18m。

在颗粒较大的砂卵石地层，虽然采用跟管钻进，但在起拔套管置换孔内泥浆后，仍然存在塌孔致使灌浆管下不到预计深度情况。此时可采用 PVC 管护壁成孔。当造孔至有效设计深度后，拔出钻杆随后拔出跟管，再下入开孔 PVC 管进行护壁。选用 PVC 管应薄壁、质脆、易碎。喷射灌浆时，利用高压水作用击碎特制 PVC 管，不影响高喷灌浆质量。

此外，还有利用钢套管保护孔壁同时进行高喷灌浆的装置（图 6-2）。该装置可在不能成孔导向、易塌孔的地层中应用，利用钢制护孔套管保护孔壁进行高喷灌浆。组件包括灌浆管、作业平台、转盘、卡瓦、连接套、花管、护孔套管及喷头。工艺原理为转盘固定在作业平台上，转盘与卡瓦在同一轴线上连接，花管壁上布设有多排排浆孔，护孔套管安装在花管下面，并通过螺纹连接。灌浆管装入花管及护孔套管内，灌浆管通过连接套与花管连接，并在同一个轴线上，喷头与灌浆管下端螺纹连接。喷头、灌浆管和花管及护孔套管通过转盘驱动卡瓦而转动，又随灌浆管设定的速度而上升或下降[29]。

工艺原理为从灌浆管上部输入高压水（浆）及低压气后，喷头在钻孔内随即对地层土进行切割喷射灌浆。孔中多余的水泥浆与地层土的混合浆液经由灌浆管与护孔套管及花管间的环形空间，上升至地面以上，由花管壁上的排浆孔排出。钢套管及花管保护孔壁不塌孔，能够顺利进行高喷灌浆。

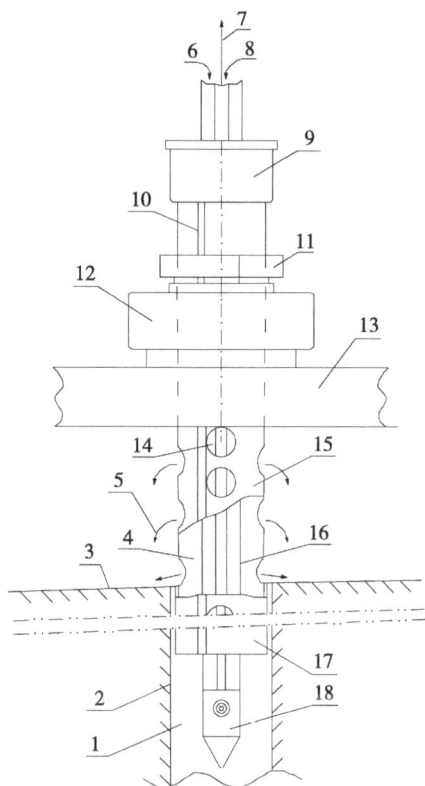

1.钻孔　2.地层土　3.地面　4.环形间隙　5.返浆　6.输入低压气　7.提升　8.输入高压水（浆）
9.连接套　10.定位长键　11.卡瓦　12.转盘　13.作业平台　14.排浆孔　15.花管　16.灌浆管
17.护孔套管　18.喷头

图6-2　护孔灌浆装置示意图

（2）改进固壁配方

在砂（砾）卵石地层中造孔应因地制宜，根据地层颗粒组成和地下水情况，首先确定通过泥浆护壁能否完成高喷灌浆规定时限内不塌孔，如果不能实现，可改进固壁配方，在泥浆中掺加外加剂材料。以下介绍一种对固壁有明显效果的浆材，再配合以适当的造孔工艺，可以保证造孔的高效与成功。

方法是在垂直钻孔中的配制含有CMC、纯碱外加剂的膨润土浆液作为护壁泥浆。其中CMC、纯碱掺量较少，根据钻孔护壁地层需要现场（或室内）试验确定。CMC为羧甲基纤维素，它是纸浆经化学处理后制成的干粉，加水形成很稠的液体，是一种增黏剂。这种增黏剂在加入适量的腐殖酸钠后，可以调整和降低黏度（腐殖酸钠可以提高电位，增加悬浮性）。CMC与水泥几乎不发生化学变化，当CMC加入膨润土液后，该液可以在孔壁表面形成0.1～0.5mm薄膜而保护孔壁，该配方主要性能是：比重 1 ~ 1.05，黏度 40 ~ 120s，失水量 3%，胶体率 98%，在此配方用于斜孔时，应该对膨润土、纯碱、CMC 的用量做适当的调整。在砂（砾）卵石地层的钻进方法中，向孔内注入该种护壁浆材，可以起到很好的护壁效果。

6.2.2　制浆

关于灌浆所用浆液材料以及凝结体的各种物理力学性质，特点、配方要求等在第五章已作详细论述不再赘述。这里以纯水泥浆（水灰比 1∶1）为例阐述制浆过程要求。

（1）水泥浆的搅拌时间，使用高速搅拌机不少于 60s，使用普通搅拌机不少于 180s。

（2）纯水泥浆的搅拌存放时间，自制备至用完的时间应少于 2.5h。

（3）浆液应在过筛后使用，并定时检测其密度。

（4）制浆材料称量可采用质量或体积计量法，其误差应不大于 5%。

（5）炎热夏季施工应采取防热和防晒措施，浆液温度应保持在 5 ~ 40℃。

（6）寒冷季节施工应做好机房和高喷灌浆管路的防寒保暖工作。

（7）若用热水制浆，水温不得超过 40℃。

（8）浆液使用前，检查输浆管路和压力表，保证浆液顺利通过输浆管路喷入地层。

（9）水泥浆液中需要加入适量的外加剂及掺和料构成复合浆液，应通过试验确定。

6.2.3　喷射灌浆

6.2.3.1　施工参数的选择

决定施工技术参数的途径，要遵循对此项工程的设计要求，工程地质及水文地质条件，类似工程经验，在现场生产性试验中获得。三管高喷施工中，一般要求确定水、气、浆压力和流量及灌浆管的提升、摆（旋转）速度，摆角等 8 个主要参数。也有把进、回浆比重，黏度等 4 个参数加在一起计共 12 个参数。其中起主要作用的是以下几项：

（1）高压水的压力和流量

高压水冲切是高喷灌浆形成固结体的基本作用，对固结体形成的有效长度（桩径）关系极大。一般增加喷射水压力和流量会增加固结体长度（桩径），但增加压力会大幅增加能耗，增大高压水泵的事故率和泵体填料耗材的使用量；增大流量将对浆液起稀释作用，不利于固结体凝结和提高强度，并使返浆增多。为此要综合考虑选取水压力和流量工作参数。

（2）气压力和气量

压缩空气在高喷灌浆过程中的作用，一是在高压水射流的周围同时喷出，起保护水射流束能量不过早扩散，减少射流的能量损失；二是当气排出地面时对已被冲切的土粒起升扬作用，使灌入的水泥浆能置换那些土粒的空间。因此，气压和气量的选择也会影响固结体长度和成分组成。一般 30m 以内孔深气压力保持 0.8MPa，气量在 $1m^3/min$ 左右比较合适。当高喷工程的深度加大时，压缩空气的压力和流量也应该相应增加。

（3）浆压和浆量

浆压以满足浆液灌入高压水气射流切割范围为合适，一般不需要太高，保持 0.5MPa 即可。但浆量和浆液稠度要适当大些，以使浆液在水稀释和气升扬后应保持一定水泥含量与土颗粒凝结。一般根据地层密实度和吃浆量，选进浆量为 50 ~ 80L/min，进浆比重 1.6 以上较为合理。

（4）升速和旋、摆速

决定灌浆管提升速度应考虑两个主要因素：一是射流有足够的时间把土层冲切；二是有足够时间灌入水泥浆，使冲切扰动过的土粒与灌入的水泥浆充分掺搅。喷射冲切的时间和岩土的抗压强度有关，抗压强度较大的土层，需要较高的射流压力和较长的冲切时间。此外还要根据已确定的喷射压力、摆角等参数决定升速。旋、摆速确定主要考虑与升速的匹配性。

（5）摆角

摆角是指高喷灌浆过程中，灌浆管水平转动造成喷嘴摆动的角度。选择摆角应根据墙体厚度、搭接长度及地层颗粒组成等因素确定。选择大摆角不但可增加墙体厚度，而且使喷射流遇到大颗粒时，通过摆动冲开其周围小颗粒，并扰动大颗粒，产生袱裹作用，达到形成防渗体的目的。但摆角增大会减小喷射长度，为保证有效搭接必须缩短孔间距，不利于节省投资和增加功效。同时采用较大摆角时，由于射流作用范围扩大，应该相应降低提升速度才能充分发挥射流的冲切作用。对于细颗粒地层尤其密实黏性土层，选择摆角不宜过大，一般选择小摆角甚至定喷灌浆，这样才能达到集中射流束冲切致密地层成槽的目的。

（6）水泥用量

应根据高喷灌浆设计要求，结合地质条件具体考虑水泥用量。相似地质条件但对防渗、强度要求高的工程，要增加每喷射延米水泥用量。对于地下水含量大，尤其有上下游水位差如水库除险加固工程，施工期间水库不能放水，在上下游水位差作用下形成渗压，浆液在渗压作用下，没凝固前会随地下渗流流失，此种情况要增大水泥用量，并考虑使用速凝材料，以增强高喷墙体防渗可靠性。另外还要注意在卵石间的空隙中，要充分充填浓浆或砂浆，改善级配以防止稀浆沿孔隙由固结体范围内流失。但非必要情况下，增加水泥用量，则增加工程造价，造成浪费。

关于这些参数的选择和确定，除了考虑上述基本因素外，实际施工还要根据施工队伍所具备的机械设备能力，一般是通过两种方式决定的。一为现场试喷法，这种方法比较可靠，在时间、条件允许的情况下应尽量选用这种方法。一为类比法，即根据其他的相似地层施工条件等去类比，选择合理的参数。这种方法虽然快捷、简单，但需有一定的施工经验和较充分的论证，方可决定。多年来国内施工的项目已近千个。这些工程所选用的施工技术参数是高喷灌浆极为重要的宝贵财富，这里选择一部分施工项目选用的施工技术参数，详见表6-1以供参考。

6.2.3.2 喷射灌浆工艺

①下喷射灌浆管：钻孔经验收合格后，方可进行下灌浆管。下管前量测灌浆管长度，定准喷射方向，用胶布包扎好喷嘴出口。逐节下入至设计深度。

②启动水、气、浆设备，通过分别与设备连接的胶管向灌浆管输送压力、流量合乎要求的水、气、浆，原地喷射 2~3min 待孔口冒浆后，进行灌浆管的提升（旋转、摆动）。

③喷射灌浆过程中，技术人员应通过灌浆记录仪，检查各种灌浆参数是否符合设计要求。当监测到某种参数达不到要求，需进行设备输出挡位调整，使之达到要求，必要时停止灌浆进行处理（方法见下节）。

④当灌浆管不能一次提升完成，需分成数次卸管时，需水、气、浆设备关闭后进行拆管操作，完成后重新启动设备,此时应将灌浆管下降至少10cm再提升，保证喷射固结体搭接可靠。

⑤当灌浆管提升到设计高度后，原地喷射 1~2min 即可结束本孔喷射灌浆，提拔出剩余部分灌浆管，而后对进浆管路进行清洗，移动喷射台车到下一孔灌浆。

⑥各孔喷射结束后，对灌浆孔进行补浆充填处理，保证浆液面在孔口位置，直至孔口不下沉浆为止。

表6-1 高喷施工技术参数及固结体材料试验结果表

工程名称	地层性质	水 Q(L/min)	水 P(MPa)	气 Q(m³/min)	气 P(MPa)	浆 Q(L/min)	浆 P(MPa)	升速 定(cm/min)	升速 摆(cm/min)	升速 旋(cm/min)	转速(r/min)	摆速[(°)/s]	摆角[(°)]	喷嘴数(个)	孔距 摆(m)	孔距 旋(m)	孔距 定(m)	渗透系数 K(cm/s)	抗压强度 R(MPa)	弹性模量 E(MPa)	固结体尺寸 板长 定(m)	板长 摆(m)	桩径(m)	板宽 摆(m)	板宽 定(m)
福建漳州石堤堤基	含少量重砾的中粗砂	80	25	1.0~1.3	0.7	80		12		6.5			28	2		2~2.2					1.7~2.2				
江苏江都西闸	重粉质壤土	30		1.1	0.7~0.8					7~10			10~30	2			2	5.50×10^{-6}	13.4~15.4						
山东大冶水库	砂层 土层	150	27	1.2	0.75	78	2	6.5		17				2			1.8	$A \times 10^{-6}$~$A \times 10^{-6}$							
湖北漳河副坝	羊胶结粉砂		26~29		0.5~0.7		0.1~0.4	5~8			5.3														
上海宝钢氧化铁皮坑	淤泥质黏土亚黏土	70~75	20~25	0.1~1.5	0.55~0.77	140~150	0.18~0.70	17			11~16	14													
黑龙江凤山水库	块石卵砾石	75	≥35	1.0~1.3	0.75~0.8			5~8			30			2			1.5	$A \times 10^{-6}$							

续表

工程名称	地层性质	水 Q(L/min)	水 P(MPa)	气 Q(m³/min)	气 P(MPa)	浆 Q(L/min)	浆 P(MPa)	升速 旋定(cm/min)	升速 摆(cm/min)	转速(r/min)	摆速 γ(°/s)	摆角(°)	喷嘴数(个)	孔距 摆(m)	孔距 旋(m)	孔距 定(m)	渗透系数 K(cm/s)	抗压强度 R(MPa)	弹性模量 E(MPa)	固结体尺寸 板长 定(m)	板长 摆(m)	桩径 摆(m)	桩径 定(m)	板宽 摆(m)	板宽 定(m)
山东莱州山场金矿	中粗砂及砾砂	75	≥35	1.25	0.8	80		10	8						1.8	2.0		9.4		1.6~2.4	1.3~1.8			0.25	0.20
新疆加音他拉水库	堆石坝体	75	38~40	1.0~1.3	0.7~0.8	80	0.2~0.7	6.2~8.3			8	30~35	2			1.2~1.4									
吉林庙岭水库	全风化、强风化	75	30~35		0.7	80	0.2~0.25	5~10				20~35					4.39×10⁻⁶~5.36×10⁻⁶	11.3~11.9	0.68×10⁴		3~3.5				
黑龙江嫩江堤防工程	砂砾石	60~70	28~30		0.6~0.7	55~70	0.8~1.0	6~10					2		1.6		6.8×10⁻⁷			1.5~3.1				0.1	
江西方山水库	砂卵石	75	≥35	1.2	0.8	80~85	1.5~2.0	5~7.5		10	5	30~35				1.6		6.6~19.9	10⁴		2.7	1.5~	1.6	0.37~	0.55
浙江银峰水库	浆糊状饱和土		20		0.70		0~0.4	8					2			1.6									

续表

工程名称	地层性质	水 Q (L/min)	水 P (MPa)	气 P (MPa)	气 Q (m³/min)	浆 P (MPa)	浆 Q (L/min)	升速 定摆 (cm/min)	升速 旋 (cm/min)	转速 摆速γ [°/s]	转速 r/min	摆角 [°]	喷嘴数 (个)	孔距 定 (m)	渗透系数 K (cm/s)	抗压强度 R (MPa)	弹性模量 E (MPa)
黑龙江哈市道外江堤	含砾中粗砂	75	30~40	0.75~0.8	0.1~1.2	0.15~0.28	80	16	5			22			3.2×10^{-7}	7.7~11	104
辽宁李家湾灌区渠首	砂卵石	100	22~23	0.5~0.55	1.2	0.3~0.5	72						2	0.8~1.0			
广东清远北江大堤	砂层		32~35		0.8~1.0	0.3~0.7			8~11								
	黏(填)土层			0.7~0.8		0.2~0.3	80~90		4~5		5~30	15	2	1.8	3.02×10^{-6}	35.2	2.15×10^{4}
	基岩及卵砾粗砂	75	38~40		0.8~1.0	0.7~1.0						25					

续表

工程名称	地层性质	水 Q (L/min)	水 P (MPa)	气 Q (m³/min)	气 P (MPa)	浆 Q (L/min)	浆 P (MPa)	升速 摆定 (cm/min)	升速 旋 (cm/min)	转速 摆 (r/min)	摆速 角速 [(°)/s]	摆速 角 [(°)]	喷嘴数 (个)	孔距 摆 (m)	孔距 旋 (m)	孔距 定 (m)	渗透系数 K (cm/s)	抗压强度 R (MPa)	弹性模量 E (MPa)	固结体 板长 摆 (m)	固结体 桩径 (m)	固结体 板宽 (m)
四川武都引水工程															1.5	2						
四川马回水电站	卵砾石层	80~120	28~45	2~4	0.6~0.8	80~120	0.05~0.25	3~18	6~12						1.5		1.92×10^{-6}			2.2	1~2	0.4~0.9
四川太平驿水电站									1.2						1.2					1.2		0.3~0.5
四川渔子滩水电站		60~80	25~35	0.5~0.8	0.6~0.7	80~120	≤1.5	3~12	3~9	5~10	7~20	25~50			1.5		5.59×10^{-4}	14.8		1.6		0.5~0.7
安徽凤凰颈排灌站	砂砾石层		38~46	1.5~1.3	0.8		0.1~0.2	6~8.3		4.5				0.9~1.1			1.30×10^{-8}	13.8~17.7	2.0~2.4		0.7~0.95	
	黏土铺盖	75	38			80	0.5~0.7	12.5			4.5	190	2									
	砂卵层		32						1.2							2.0						

续表

工程名称	地层性质	水 P(MPa)	水 Q(L/min)	气 P(MPa)	气 Q(m³/min)	浆 P(MPa)	浆 Q(L/min)	升速 定(cm/min)	升速 摆旋(cm/min)	转速(r/min)	摆速[°/s]	喷嘴数(个)	孔距 摆(m)	孔距 旋(m)	孔距 定(m)	渗透系数 K(cm/s)	抗压强度 R(MPa)	弹性模量 E(MPa)	固结体尺寸 板长 定	固结体尺寸 板长 摆(桩径摆)	固结体尺寸 板宽 摆	固结体尺寸 板宽 定
新疆夹河子水库大坝	砂卵石层	36~38	75	0.6			80		6~9		25									1.5		
山西镇子梁水库(中型)	坝体及坝基砂质黏土	33~35	75	0.6~0.7			80		5.5~10		30			1.8		5.22×10⁻⁶	9.2~14.2	0.07×10⁵		1.3	0.2~0.45	
山西潇泽水库(大型)	砂层	30~38	75					5~10							1.6	3.12×10⁻⁶						
山西郭堡水库(中型)	砂层	35~45	75	0.6~0.65	1.4	0.4~0.7	80							1.4	1.5							

续表

工程名称	地层性质	水		气		浆		升速		转速 (r/min)	摆速角 [(°)/s]	喷嘴数 (个)	孔距 (m)			渗透系数 K (cm/s)	抗压强度 R (MPa)	弹性模量 E (MPa)	固结体尺寸 (m)				
		Q (L/min)	P (MPa)	Q (m³/min)	P (MPa)	Q (L/min)	P (MPa)	定摆 (cm/min)	旋 (cm/min)				摆	旋	定				板长		桩径	板宽	
																			定	摆	摆	定	摆
吉林新立城水库(大型)	含砾中粗砂	70~130	15~28	0.4~0.8	0.6~0.7	70~90	0.2~0.5	6~20				2							2.6~3.4			0.2~0.35	
河南赵口引黄闸	粉细砂					82	12.5~19		40	28											0.7~0.8		
辽宁小龙口水库	砂卵石	61~75	28~38	1.8~3.0	0.5~0.55	58~72	0.2~0.5	16~18			21~23	2			1.7	3.27×10^{-6}	3.5~4.0	68		≥1.2			0.14~0.6
辽宁友邻水库	砂卵石	61~75	30		0.5~0.55	58	0.4~0.5	14.5				2		1.5		8.8×10^{-6}			1.47~1.55				0.7~0.8(双排)
河南乌罗水库	砂卵石	75	40	1.2		55~60	0.1~0.5	5	8~10	5	15~40	2		1.0	1.0						1.0		
山东上河矿区	砂卵石	75	40~42	1.3	0.8	72~75	0.2	6		30	30				1.6	1.01×10^{-6}							

续表

工程名称	地层性质	水 Q (L/min)	水 P (MPa)	气 Q (m³/min)	气 P (MPa)	浆 Q (L/min)	浆 P (MPa)	升速 定摆 (cm/min)	升速 旋 (cm/min)	转速 (r/min)	摆速 γ (°/s)	摆角 (°)	喷嘴数 (个)	孔距 摆 (m)	孔距 旋 (m)	孔距 定 (m)	渗透系数 K (cm/s)	抗压强度 R (MPa)	弹性模量 E (MPa)	固结体尺寸 板长 定 (m)	固结体尺寸 板长 摆 (m)	固结体尺寸 桩径 旋 (m)	固结体尺寸 板宽 摆 (m)	固结体尺寸 板宽 定 (m)
辽宁浑河闸	砾质粗砂	75	28~30	1.0~1.2	0.4~0.5	65	0.3~0.5	11~13			5	30	2	1.5			1.07×10^{-7}							
辽宁宫山咀水库	粉质黏土	75	30	1.2	0.7	65	0.5		8				2		1.0		6.69×10^{-7}							
湖北松滋八宝解放闸	松散饱和砂层	75	36~42	1.2	0.5~0.7	72	0.4~0.5	7~9				10~20	2	2.0~2.5			1.98×10^{-5}	2.695	215.8					
山东德州华能电厂		75	40~43	1.3~1.7	0.7~0.8	80	0.15~0.20	5~6			16	180												
辽宁水记水库	含砾中细砂	75	32~35	1.2~1.3	0.5~0.6	72	0.3~0.5	16					2			2.3	3.08×10^{-6}							
辽宁石佛寺水库	砂砾石	70	36~38	0.8~1.0	0.6~0.75	60~65	0.5~0.6		8	6			2		1.0		6.04×10^{-7}	9.41				1.2~1.5		

6.2.3.3　施工质量控制

高喷灌浆施工系地下隐蔽工程。为保证施工质量，使防渗墙连续可靠，位置及高程达到设计要求，施工单位需建立完善的质量控制体系。主要为：现场施工设立三级自检体制。每道工序设质量监督员一名，负责对所完成该工序主要技术指标进行自检，符合设计要求后，报请自检负责人进行下道工序并对主要技术指标进行班报记录。整个工艺设立质检负责人一名，对工序自检结果进行评估，下达后续工序指令负责整个工艺质量检查。项目设技术负责人一名，负责对设计书或设计图纸内容进行解释，下达灌浆各项技术指标，处理施工发生的技术问题，对整个灌浆施工实行统一质量管理[30]。

6.2.4　施工工艺中的一些问题

（1）初始喷射时间

根据喷射切割的机制，喷嘴在开喷的瞬间起，并不能马上把地层切割到极限深度。故施工工艺中要求在开喷的初始，喷头应原地喷射 2～3min，目的是使切割达到最大深度。否则因为不能充分利用射流的喷射压力，而使板长或桩径达不到最大。更为重要的是在喷头提升后，继续喷射更上部地层时，由于下部切割不充分，对墙体底端与基岩或其他不透水层搭接产生无法补救的影响。

（2）喷射中止及复喷处理

正当孔内进行喷射作业时，突然因故而必须停喷的事情，有时是会发生的。在恢复喷射时应采取哪些措施十分重要。在地面混凝土施工中叫作接触工艺，规范上有明确要求。在高喷施工中遇到这种情况，应有如下要求：

①根据灰浆在搅拌系统及管路允许停留的最大时间，规定最大允许停喷时间。一般选为 0.5～2h（北方地区）。

②要求在复喷时，将喷头下降一定深度。造成一定长度的复喷段。对于需要扩大加固范围或提高强度的工程，可采取整段复喷措施，即对整个需要扩大加固范围段进行复喷[31]。

③在复喷段喷射时，要采取增加一段摆喷（在定喷中）或降低提升速度等措施，确保接连顺利，无漏喷现象。

关于复喷段长度（复喷时喷头下降的深度），应按相应施工技术参数下，喷射流达到设计要求的尺寸，所必需的时间，来换算相应时间的喷射长度为复喷段长度，经验数据至少 10cm。

（3）喷射中孔口回浆的观测及处理

正常喷射时，孔口一般应有一定数量和质量的回浆。由于地层的千变万化，更可能由于地层中存在洞穴（如蚁洞、鼠洞或植物根茎腐烂成孔等）或渗漏通道等，造成回浆减少和质量变化。施工中应予补强，一般在原地停止提升，采取堵漏措施后，再继续提升。在停止提升时，要注意防止坍孔卡管事故发生。

采取的堵漏措施是：①注入高浓度的稠浆。②在浆液中掺入填充料，如细砂、粉煤灰、矿渣、锯末等。在浆液中加入适量的速凝剂如水玻璃等。

（4）喷后补浆

主要目的是防止钻孔灌后由于浆材析水固结，而出现固结体内的空腔。一般要求一直补到不再继续沉降为止。在混凝土底板下灌浆，还要对钻孔进行封孔。方法为：各孔经过补浆后，浆液面稳定，进行混凝土底板封孔，掏出孔内多余浆液，保留一定深度浅孔，清洗孔壁，填入拌好的混凝土捣实后，表面抹平。封孔混凝土由水泥、骨料、水玻璃溶液以一定配比混合形成。初凝时间一般为 2h，终凝时间为 18h[32]。

（5）钻孔喷射序次

为了各孔之间连接牢固，人们研究了所谓"焊接"和"割接"两种不同的连接形式，虽然试验表明这两种方式均可以使固结体有较好的连接。但进一步的观察表明，其效果不一样。"割接"是在前一孔浆材尚未固结或固结不坚的情况下，由邻孔喷射连接。此时后一孔射流击穿前孔固结体，形成交叉连接。这种连接有两个缺点：其一，如果是构筑防渗体，则交叉后的多余部分对于防渗无意义，浆材也有所浪费；其二，如果前一孔浆材尚未凝结即不断受后一孔射流的搅动，也不易使之固化。而"焊接'形式是在前孔固结已成的情况下，从后孔对其喷射。此时射流喷射到坚固的固结体表面，由于不能击穿其表面，射流在剩余压强作用下，产生折射而充填和搅动固结体周围的土层，加大了射流的接触面积，加强了连接作用，因此施工设计时，选择分序隔孔喷射是合理的。

（6）防止单孔喷射中出现板长、桩径不匀的方法

在不同地层中出现这种现象是地层的阻力不同。在同一地层中出现这种现象是不同深度的土压力及液柱压力不同，常表现为上大下小的胡萝卜状桩体或上长下短的墙板。消除这种现象的方法是针对不同岩性、不同深度在同一钻孔中选用不同的喷射压力和升速。最好采用无级调速的液压设备去调整，才能达到方便、快捷、准确的目的。

（7）摆喷角度与墙板宽度的关系

摆喷的角度在砂卵石地层中喷射的意义，不仅仅是增加墙板的宽度，还由于可以在摆动中掏空大卵石左右的细颗粒，从而有利于卵石位移或滚动。减少和消灭卵岩后面的漏喷区。因此设计摆喷角度时，应该考虑到地层颗分的级配。但也不能盲目地加大摆角，浪费浆材，同时又明显缩短喷射长度。由于地层中卵石分布并无规则，一般应做相似地层的试验。根据现场开挖观察经验推荐：当卵石直径为 10cm 时，摆角应不小于 20°；粒径大于 10cm 时，摆角应以 30°为宜。

近年来采用大角度摆喷来代替旋喷取得了成功。施工中用双喷嘴喷头，采用 190°~200°大角度摆喷，可以形成一个旋喷桩体。其优点是简化施工设备，以体积小、重量轻、结构简单的定向送液器代替旋转送液器。可以增加塔架的提升高度约 0.4m，也减少事故发生率。同时由于往复喷射，有利于搅动地层中的卵石，提高成墙保证率。所形成的固结体的断面为椭圆形，其长轴方向可作为防渗帷幕的轴线，提高桩体连接成功率，降低造价。

（8）摆喷长度与摆速升速的关系

从摆喷固结体的顶视图看，有如图 6-3 所示两种形状。分析其中 a 是由于摆喷机构的传动部分间隙过大所造成，即喷嘴在行程终点滞留时间较长所致。正常摆速形成的断面应该如 b 所示。摆喷中喷嘴的移动轨迹为之字形，其移动速度由摆动分速度与提升分速度合成。当然在两种速度设计合理时，摆喷效果会好一些。

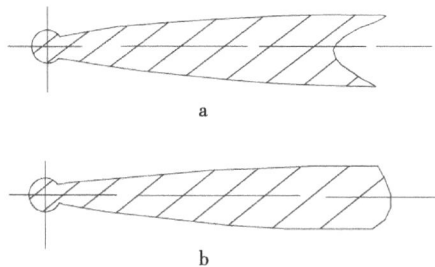

a. 摆喷机构传动间隙过大导致中间收缩状态　b. 正常摆速形成尾部突出状态

图 6-3　摆喷单体固结图

（9）压缩空气对射流的影响

根据日本学者 H. 义马的实验证明，射流束在空气中比在水中压力衰减要慢得多，射程相应要远。同时指出设置在水射流周围的气射流流速，应以 0.5~1.0

马赫为最佳。在早期的资料上，曾介绍气体流量应为 0.8~1.2m³/min，这一点也十分重要。目前各地的施工中，并没有充分注意到关于气量的要求。这主要是由于气体流量的测定要符合波义耳－马略特定律，否则测量值无意义。而测量气体的体积流量比较繁。由于对气体流量认识方面的不足，致使各地使用的空压机规格不一。一些单位在施工中采用 3m³/min 以上空压机的比较多，甚至有 9m³/min 或 12m³/min 的大型空压机也在使用。目前虽然对使用大型机大气量施工对固结体尺寸及质量的影响程度中没有较多的报道，但值得注意的现象已经发生。例如在含有大漂砾大砂卵石地层中，过量地使用压缩空气可以导致大量灰浆返回地面，而在开挖时发现卵石之间不能由砂浆胶结成固结体，这很可能气体产生的"气举"现象所致。这种"气举"现象在地下水位较高的深孔施工中表现得尤为明显。同时过量的气体也会在固结体中形成过多的气泡而影响其质量。因此施工中要注意压缩空气流量的使用。

（10）施工中施工技术参数的记录

目前一般施工中，现场记录的方法多为眼看、手记，基本属于不连续记录。对于施工中各参数短时间发生的变化，包括瞬时变化，可能发生记录不及时或者漏记，这既不科学又不利事后分析。

高喷施工是连续喷射，瞬时的变化均可能影响施工质量。目前已研制成功的高喷监测仪，可以对水、气、浆、升速、转速及浆液比重等 12 种主要参数加以记录。这种仪表是通过安装在管路上的一次仪表，直接提取信号后，经二次仪表处理，将参数以曲线形式，连续记于记录纸上。仪表安装的越限报警装置，提示操作人员修正参数。仪表具有信号输出系统，当增设调节器、执行器后可使施工实现施工技术参数的自动控制以达到自动化管理的目的。绘有施工技术参数的记录纸可作为施工的技术档案归档。

6.2.5 施工中防止堵管工艺措施

灌浆管插入钻孔中，进行灌浆作业时，由于接换管或事故停机，使水、气、浆系统突然泄压，从而各类灌浆管的水、气、浆管道内部都存在着与管外泥浆柱急速平衡压力差的问题，在较深的钻孔中输气管尤为突出。输气管内、外的压力差为：

$$\Delta P = \gamma h$$

式中：γ——孔内泥浆比重；

h——气喷嘴距孔口高度。

例如孔深 h 为 40m，孔中泥浆比重 γ 为 1.5，则压差 ΔP 为 0.6MPa。会产生两种结果：①当输气压力小于 0.6MPa 导致气射流在喷嘴位置受阻而喷射不出去；②输气空压机停机时，喷嘴压力骤降导致孔内泥浆砂砾贯入堵塞喷嘴。为了防止拆卸管路时造成管路堵塞，人们采取了多种方法，例如把塔架设计得尽量高一些，以减少喷射管的拆卸次数；改进硬质三管为软质三管；改进操作方法；在喷嘴处粘贴防堵胶膜，在输气管路上添设防堵补水装置等，以下介绍两种简易而有效防堵措施。

（1）操作工艺措施

在施工中，需要停止喷射时，其操作工艺必须是先停供送气，后停供水和浆。这样可尽量保证气喷嘴附近被水或浆液所包围，防止停气瞬间砂粒冲进气嘴内。大量实践表明，在细粒地层或浅层地基处理工程中，这种工艺是一种行之有效的方法。但在含有接近气嘴环形间隙（1～1.2mm）的粒径较多的地层中，不但要注意操作工艺，而且必须研究相应的防堵装置。

（2）防堵橡胶膜

在气喷嘴上，粘接特制的厚度为 2mm 左右的开口分瓣橡胶膜，喷水、喷气时活瓣打开，停供水、气时活瓣自行关闭，可避免大量泥沙进入气嘴。在下管之前，先在喷头金属光壁上粘贴橡胶膜，而后在喷嘴上包扎常用的防堵胶布。现场试验表明，该措施的效果关键在于橡胶膜与金属喷嘴间的黏结质量，采用金属黏合胶品种是防开喷撕裂橡胶膜关键。防堵胶膜如图 6-4 所示，可贴在喷嘴处，用法简单，效果好。

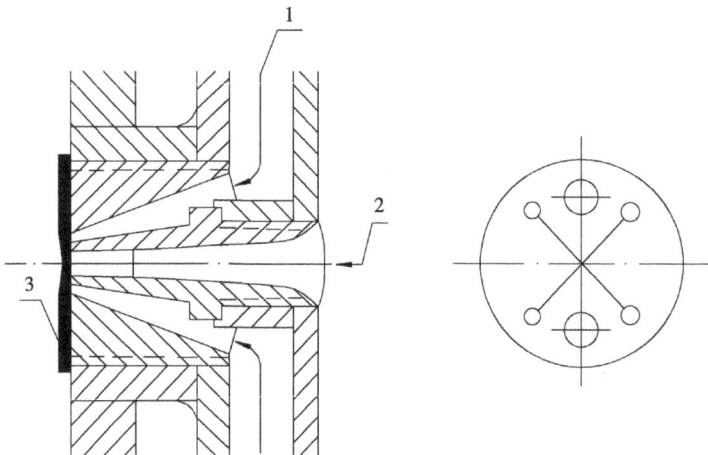

1.输气喷嘴　2.输水喷嘴　3.防堵胶膜

图6-4　防堵胶膜示意图

6.3 回浆利用

高喷灌浆过程中，从钻孔返回地面的浆液被称为回浆。对回浆的检验表明，各工程回浆中的水泥含量都比较高，如表 6-2 所示。因此，回浆利用是求得技术合理、造价降低的重要课题。

表 6-2　喷射孔进浆、回浆中的水泥含量

喷射孔号	浆材配方 水泥、黏土、水（重量比）	浆液中的水泥含量（%）			地层岩性	喷射形式
		进浆		回浆		
		计算值	实测值	实测值		
08	1：0.2：1	83.0	82.0	71.0	微含细粒土砂	
09			84.0	75.0		
05	1：1：1.6	50.0	51.0	24.0	细砂	
06			51.0	37.0		
07			51.0	36.0		定喷
22	1：2：2.8	33.3	37.0	26.0	极细砂	
18	1：0.4：1.2	0.7	68.0	44.0	含黏粒较多的粉细砂	
21			67.0	42.2		
37	1：0.1：1	0.9	91.0	56.0		
01	1：0.2：1	83.0	72.0	31.0	含砾亚黏土	旋喷
07			86.7	43.3		
14			81.1	35.6		
23			81.1	35.6		
34			82.8	44.4		

注：表中所列计算值与实测值误差系由现场袋装水泥重量不准造成。

回浆利用的方法是，孔口的回浆在明渠自流进入沉沙池，除砂后，再由回浆泵将这部分回浆，输入灰浆搅拌机内（图 6-1）。对于回收浆液的重新配制，国内普遍采用的方法是，仅根据比重大小来控制掺入水泥的多少，因为影响比重的因素很多，如浆液浓度、含砂量等。因此这种方法使得浆材配比误差较大。为此，辽宁省水利水电科学研究院研究出浆材水泥含量快速测定法。在现场仅需半小时便可测定出浆液中的水泥含量，使得浆材配比更加符合设计要求，为回浆利用工艺提供了科学的依据。据统计在所完成的工程中，均能回收水泥耗量的 1/5～1/4。

6.4 施工质量检查

工程建设的质量检查是必要的，高喷施工属隐蔽工程，在无条件大开挖的情况下，要检查墙（桩）体的外观形状，接头质量等直观印象不太容易。在防渗工程中，防渗性能多采用围井试验去评价，其他指标可以采用钻孔取样、声波检测、电法探测或者是坝后渗流观测等方法去解决。

6.4.1 围井试验

利用防渗墙的一侧所构成的围井，可以通过抽、注水试验，测定墙板的渗透系数，以作为板墙防渗的依据。由于围井抽水条件复杂，一般都采用水平封底。并假设其为较大的不透水底板、防渗墙体本身厚度均匀、地下水位水平等。下面介绍六种水文地质计算高喷防渗墙渗透系数方法。

（1）注水试验

试验围井如图 6-5 所示，试验采用固定水头，流量为参变量，即将水位保持在孔口位置，向孔口管内连续不断注水，每 5min 或 10min 测读一次流量值。注水终止标准符合原水利电力部颁布的抽（注）水试验规程要求，选用公式为 [33]：

$$k = \frac{0.366Q}{SL} \lg \frac{aL}{r}$$

式中：Q——流量（m^3/s）；

L——试验段长（m）；

S——水头（m）；

a——吉林斯基系数，取 1.32；

r——钻孔半径（m）。

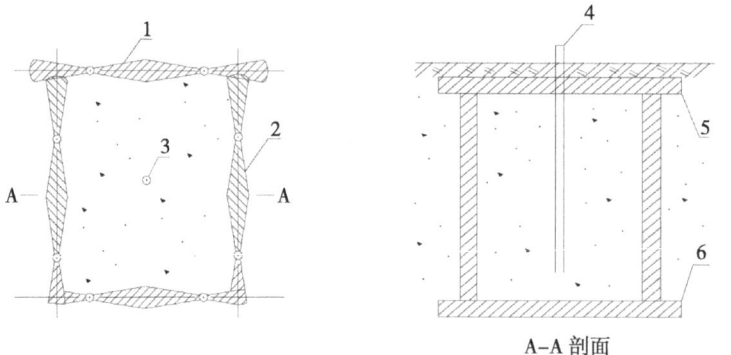

A–A 剖面

1. 高喷防渗墙　2. 围井边墙　3. 注水孔　4. 主水管　5. 围井封顶　6. 围井封底

图 6-5　围井注水试验示意图

（2）在围井中做单孔抽水，可采用完整井抽水试验计算公式，求其渗透系数[34]。

$$k = \frac{0.733Q}{(2H-S)\,S}\,\lg\frac{R}{r}$$

式中：Q——抽水流量；

　　　H——静止水位到不透水层高度；

　　　S——降深；

　　　R——抽水影响半径；

　　　r——钻孔半径。

其符号图示见图 6-6。式中的 R 值可采用表 6-3 中各值，当降深较大，如数米，且抽水延续时间较长，如几昼夜时，可采用大值，反之采用小值。本计算式计算结果 K，为围井内外及围井墙板的综合 K 值，用它评价围井墙板的透水性，其值偏大。

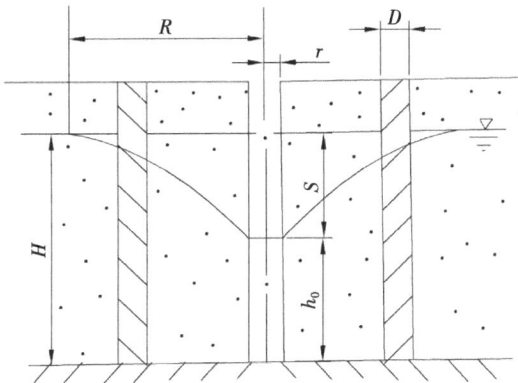

图 6-6　完整井抽水试验示意图

表 6-3　抽水试验 R 值表

岩性	R 值（m）	岩性	R 值（m）	岩性	R 值（m）
亚砂土	10～20	细砂	50～75	粗砂	100～150
极细砂	20～50	中砂	75～100	砂砾	105～200

（3）为了求得墙体本身的渗透系数，可采用下式近似计算其 K 值。此时假设井内外水位相同。

$$K = \frac{QD}{HLS}$$

式中：L 为围井侧向周长，其他符号图示见图 6-6。该公式在抽水试验稳定水量较小时，是合理的。如果墙体缺陷较多时，计算出墙体的 K 值偏小。

（4）原水电部南科院毛昶熙先生，对上述公式 $K=\dfrac{QD}{HLS}$ 中的过水断面做了修正，得出如下公式。建议在采用此式时，L 值应取墙体中间位置较为合理。式中各符号图示见图 6-6。

$$K=\frac{QD}{LS\,(S/2+h_0)}$$

（5）当假设围井为圆形，抽水时围内外水位不同，且不水平，水沿径向流往钻孔时，设通过各断面流量相等，则 K 值可依如下公式计算。式中各符号图示见图 6-7。

$$K=\frac{\lg\dfrac{r_1}{r_2}}{\dfrac{\pi\,(H^2-h_0{}^2)}{Q}-\dfrac{\lg\dfrac{R}{r_2}}{K_1}-\dfrac{\lg\dfrac{r_1}{r}}{K_2}}$$

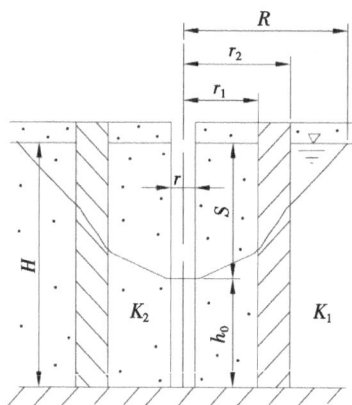

图 6-7　圆形围井抽水试验示意图

（6）当向围井中做注水试验时，如果钻孔为潜水完整孔，可采用以下公式计算。式中 Q 为注水流量；其他符号图示见图 6-8。

$$K=\frac{0.73Q}{h^2-H^2}\lg\frac{R}{r}$$

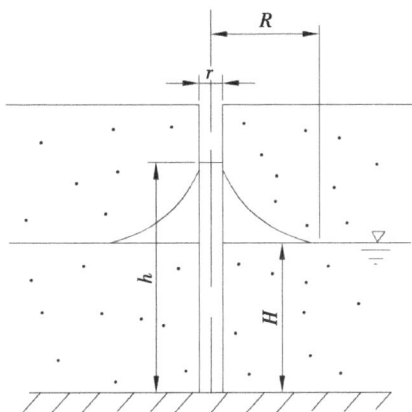

图 6-8 潜水完整孔注水试验示意图

6.4.2 其他方法

（1）钻孔取芯

主要目的是通过钻孔取芯，检查固结体质量，或者在两孔连接处取样，检查连接状况。为此应该将邻近两孔灌入不同颜色的浆材，以便判断新旧固结体连接状况。另外钻孔取样后可以送往实验室做多种项目试验。如抗炎强度 R、渗透系数 K、弹性模量 E，甚至测定水泥含量等。对板墙的钻探取芯检查，应以小口径金刚石钻头在墙体上采取岩芯[35]。

（2）声波及电法检测

利用声波仪，在高喷施工的前后，分别检测介质的波速 V_p 变化。灌浆后硬化的固结体较之灌前松散的散粒体的 V_p 要高许多。在四川某电站围堰高喷质量检查中，注水试验结果 $K=1.92 \times 10^{-5}$cm/s 时，其声波波速可达 3500m/s。

电法检测同样也是在高喷开始前，用电法测定背景资料，待施工结束后进行第二次电测。分析两次电测的结果，对高喷固结体作出评价。目前所采用的方法主要有甚低频法和自然电场法。湖南某两处水利工程，一为大堤除险，一为处理水库坝基渗流。两处的高喷施工质检工作，均采用了电法检测，取得了可靠成果。辽宁某水库处理坝基渗流，同样用电法检测得到可靠的分析资料。

（3）单位渗水率法

以单位渗水率 ω 去评价防渗效果是最近提出的评价防渗墙防渗效果的新指标。即在围井试验中，以向围井中注水的方法，根据注水量来计算渗水率。其物理意义比较直观。即是在单位时间、单位水头作用下，单位面积的墙体的渗水量。故其量纲为 L/（min·m·m²）。同样可以根据 ω 值的大小，反映出施工质量的等级。倒如 ω =0.01 为一级，$0.01 \leqslant \omega \leqslant 0.1$ 为二级，$0.1 \leqslant \omega \leqslant 0.5$ 为三级等。

7 高喷灌浆技术加固缺陷地基的应用

随着经济建设的发展，在各类地质条件下完成的工程建筑物迅速增多。这其中绝大多数建筑物的不良地基经预先加固处理后达到设计要求。但还有一些工程在地基处理中，由于对建筑物地基土的特性认识不足，对地基承载力和变形的判断与实际情况有很大出入，造成工程设计、地基处理、施工工艺等环节处理不当，导致建筑物地基基础出现渗漏、承载力不足、超量沉降或不均匀沉降问题，若不及时处理，势必影响工程正常使用，甚至造成无法估量的经济损失和不良的社会影响。据调查，易发生建筑物地基失稳的地层有：①淤泥质土层，特点是承载力低、灵敏度高、易扰动、流变性强；②透水性强砂砾（卵）石层，特点是临近江河湖泊或海岸，覆盖层颗粒不均且埋藏深，地下水受外河影响较大，渗透力强。

由于产生地基缺陷的建筑物大都已建或正在建设中，现有地基加固措施很难用得上，有的即使能用也要付出过于昂贵的经济代价，不经济、不合理。针对这种情况，应用高喷灌浆技术，经实践证明是加固缺陷地基投资省、速度快、简易易行且效果好的方法之一。高喷灌浆加固地基适用地层范围如下：

（1）可广泛应用于淤泥、淤泥质土、黏性土、粉质黏土、粉土、黄土及人工填土中的素填土、砂土、砂砾（卵）石土等多种土层。

（2）可作为既有建筑和新建建筑的地基补强加固之用，也可作为透水地基防渗处理之用，还可作为施工中的临时措施如深基坑侧壁挡土或挡水、封底止水等。

（3）对于砂砾（卵）石、漂石等粗大颗粒地层，伴有地下水流速过大和已涌水的地基工程，及已有水库带水头防渗加固工程，应通过现场试验确定使用的可靠性。

7.1　砂（砾）卵石地层中应用

7.1.1　典型案例的地层条件

高喷应用于砂砾（卵）石地层的实例很多，如早期贵州东风电站围堰等。以下仅列举几个附有砂砾（卵）石地层颗分资料的典型成功实例。

（1）湖南王家厂水库：该坝坝基为砂卵石地层，于其下游河滩取样颗分级配如表7-1。高喷灌浆后开挖检查，墙板紧密连接，渗透系数均值为 $K=2.04 \times 10^{-5}$ cm/s。

表7-1　王家厂水库坝基地层颗分级配

粒径 (mm)	> 100	100 ~ 20	20 ~ 10	10 ~ 5	5 ~ 1.0	2.5 ~ 0.5	1.0 ~ 0.5	< 0.5	定名
%	51.9	15	1.1	4.9	6.2	10.3	2.0	8.5	粗砾

另一组湖南汨罗水库模拟砂卵石高喷灌浆试验，其级配如表7-2。通过高喷试验后，开挖固结体可见其结构大致分4层，各层厚度不一。其综合抗渗性能可达到 $K=10^{-6}$ cm/s，抗压强度达到 $R=8 \sim 40$ MPa。

表7-2　汨罗水库模拟砂卵石地层颗分级配

粒径 (mm)	150 ~ 80	80 ~ 40	40 ~ 20	20 ~ 5	< 5	定名
Ⅰ组（%）	17.3	22.5	18.3	10.5	31.5	
Ⅱ组（%）	20.0	15.0	30.0	25.0	10.0	

（2）四川槽渔滩水电站拦河副坝基础砂卵石高喷灌浆试验：该层砂卵石级配如表7-3。通过该地层的前后3组试验，实测单孔墙长达1.6m，板厚0.5 ~ 0.7m，K值达 5.59×10^{-6} cm/s，R值达14.8MPa，试验被鉴定是成功的。另外四川省成功地在砂卵石地层中采用高喷处理的工程实例，还有武都引水工程，马回水电站、太平驿电站等处。这些工程的地层中砂卵石粒径和含量如表7-4所示。高喷均取得了成功。

表7-3　槽渔滩水库副坝基础砂卵石地层级配

粒径 (mm)	> 400	400 ~ 200	200 ~ 100	100 ~ 60	60 ~ 40	40 ~ 20	20 ~ 10	10 ~ 5.0
%	3.6	11.4	21.4	20.6	12.2	14.2	5.5	1.13
粒径 (mm)	5.0 ~ 2.0	2.0 ~ 0.5	0.5 ~ 0.25	0.25 ~ 0.10	< 0.10			
%	1.13	2.08	2.73	3.02	1.01			

表7-4　武都等水利工程高喷处理砂卵石地层级配

工程名称	地层					
	一般粒径 (cm)	含量 (%)	最大粒径 (cm)	K 值 (m/d)	厚度 (m)	
					一般	最大
武都引水工程临时围堰及闸坝基础	5 ~ 20	81	30	210 ~ 717	9 ~ 20	32
马回水电站临时围堰及溢流坝基础	2 ~ 8	86	15	70 ~ 90	5 ~ 12	13.4
太平驿水电站临时围堰	30 ~ 50		漂砾达 3 ~ 12	700 ~ 800		90
槽渔滩水电站副坝基础	3 ~ 10	82.6 ~ 91.6	40	110	12 ~ 16	

（3）辽宁李家湾引水闸基础是典型砂卵石地基，其地层砂卵石级配如表7-5。采用双排定喷构筑防渗板墙，现场开挖板墙上下游可见明显水位差。

表7-5　李家湾闸基础砂卵石地层颗分级配

粒径 (mm)	> 20	20 ~ 10	10 ~ 5	5 ~ 2	2 ~ 0.5	0.5 ~ 0.25	0.25 ~ 0.10	0.10 ~ 0.05	不均匀系数	定名
90-3-1组（%）	32	21	13	14	11	3	2	4	28.6	良好级配砾
90-3-2组（%）	13	13	15	21	22	3	4	4	1.8	不良级配砾

（4）辽宁友邻水库坝基处理中，对厚5.0 ~ 7.4m河床砂卵石漏水覆盖层进行防渗处理，围井试验表明渗透系数 K 为 3.6×10^{-6} cm/s，开挖实测喷射板长为1.5 ~ 2.0m。加固效果明显，坝后原有渗透管涌消失，观测渗漏量比灌浆前减少了68%。

（5）在河南塔岗水库高喷施工围井开挖中，见到被包裹在固结体中直径达30 ~ 40cm甚至60cm的大卵石，突出在固结体之外不坍落、不崩解。新疆塔斯特水库在坝基砂砾（卵）漂石地层构筑旋喷桩防渗墙，开挖后见到被固结成桩块石、漂石牢固凝结在一起，墙体上注水试验渗透系数满足设计要求（图7-1）。

图7-1 卵漂石地层开挖旋喷桩墙

7.1.2 砂（砾）卵石层应用单价

在砂卵石地层构筑高喷防渗墙，由于造孔费用相差悬殊，故在不同颗粒组成的地层中，其高喷造价有所差异。经对多项砂（砾）卵石据包括卵漂石地层高喷工程价格分析，得出高喷防渗墙施工的工程单价范围如表7-6所示。当孔深超过35~40m，或者是斜孔喷射、水下喷射，场地狭窄等条件变化时，成本可能提高10%~40%。材料费随市场价格变化。

表7-6 高喷防渗墙工程单价统计表

岩性	砂层	卵、砾石含量 < 50% 最大粒径 < 100mm	卵、砾石含量 50%~80% 最大粒径 100~200mm	卵、砾石含量 > 80% 最大粒径 100~300mm	卵、砾石含量 > 80% 最大粒径 > 300mm 并含有漂石
单价（元/m²）	250	250~300	300~400	400~500	500~650
备注	水泥价格约为300元/t				

7.2 旋喷套桩加固地基

利用高喷灌浆技术，采用不同的喷射形式，可形成不同形状的固结体。在连续不停的提升过程中，旋转喷射可形成圆柱状固结体，即旋喷桩，多个旋喷桩体以一定方式套接在一起，组成群桩复合地基。其作用为：①作为防渗墙，增强地基的防渗性能；②作为承载桩，提高地基承载力；③作为挡土墙或基坑封底桩，维护基坑稳定，隔渗地下承压水，阻止涌砂及地面变形。

旋喷套桩结构形式：旋喷套桩按排布设灌浆孔，并保证每一排旋喷套桩具有一定的交圈厚度，单桩半径（R）可由现场试验确定，当孔距（L）一定时交圈厚度（D）可根据 4.3.2 节公式求得。排间距一般选择 0.5～1.0m。

7.2.1　石佛寺水库旋喷套桩防渗墙围井试验

石佛寺水库位于辽河干流中游，距沈阳市 40km，系辽河干流上的唯一的一座控制型水库工程。水库一期工程主要枢纽建筑物泄洪闸地基为强透水砂砾石层，最大深度约 30m，需要进行防渗处理。防渗方案为利用高喷灌浆技术在闸底板上游齿墙下构筑深入基岩 0.5m 的旋喷桩套接防渗墙，防渗面积约 14000m²。

为了检查旋喷灌浆工艺参数设计的合理性、成墙的可靠性、防渗处理效果以及被处理地基砂砾石层适应性等。施工开始前进行了旋喷灌浆围井试验，取得了大量实验数据，为下一步正式施工提供了可靠的技术依据。

7.2.1.1　围井布置及技术要求

（1）围井布置

结合防渗墙施工，旋喷灌浆试验围井布置在旋喷防渗墙一侧，桩号为 BA0+515～BA0+520，围井由 12 个旋喷桩套接组成四边形，桩间距为 1.0m，如图 7-2 所示，其中一边为 6 孔基础永久防渗墙，下游侧其余三边为附加孔在同等喷射参数条件下形成墙体。墙体底部要求深入基岩 0.5m，可不进行封底。围井顶部距地面 1.0m 处采用旋喷封顶。

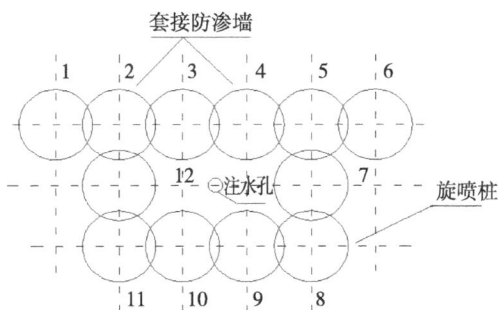

图 7-2　围井试验平面布置

(2) 技术要求

①旋喷桩设计为单排套接，旋喷桩交圈有效厚度不小于 30cm，桩底部应嵌入基岩，入岩深度不小于 50cm，且不大于 1.0m。

②旋喷桩套接防渗墙体渗透系数 $K \leqslant 1 \times 10^{-6}$cm/s，墙体抗压强度 $P_{28} \geqslant 2.5$MPa。

7.2.1.2 围井施工

(1) 施工参数

高喷灌浆工艺参数选取的合理与否直接关系到所形成墙体的质量与工程投资的多少，本工程首先参考国内高喷灌浆处理砂砾石地基防渗工程资料，对各种灌浆参数进行初步设计，而后针对这些设计参数及处理地层进行现场围井成墙施工。灌浆材料采用纯水泥浆，水泥为 32.5MPa 普通硅酸盐水泥。采用二序孔施工，相邻旋喷孔的施工时间间隔一般大于 24h，喷射施工过程中，保证回灌补浆质量。

(2) 工程量

围井施工 2003 年 6 月 10 日开始，6 月 26 日结束，历时 17d，共完成围井灌浆孔 12 个，钻孔进尺 373.5m，旋喷灌浆进尺 340.5m，耗用水泥 265.1t，平均每延米旋喷桩水泥用量 0.78t。围井施工结束后，在其中心埋设一注水管，深 26m，其中花管段长 2m。

7.2.1.3 围井质量检查

(1) 围井注水试验

围井注水试验在围井形成 7d 后进行，注水方法采用固定水头，流量为参变量。试验时将水位保持在孔口上，用一虹吸管往孔口管内注水，每隔 10min 测读 1 次流量值，直至达到符合稳定标准终止。注水试验采用公式计算渗透系数如下：

$$K = \frac{QJ}{LHS}$$

式中：K——渗透系数（cm/s）；

Q——稳定注水量（m^3/d）；

L——围井中心线周长（m）；

H——围井中心线处过水面高度（m）；

S——围井内外水头差（m）；

J——板墙厚度（m）。

根据不同时段的渗透系数 K 值，绘制 K-t 曲线，最终确定墙体平均渗透系

数值 $K=6.04 \times 10^{-7}$cm/s。

（2）钻孔取芯检查及室内试验

旋喷桩间钻孔取芯，检查连接处搭接质量，在该部位完成 28d 后进行。由监理工程师指定位置在围井旋喷体上选择 2 处，分别为 1# 桩与 2# 桩连接中心 J_1 钻孔，10# 桩与 11# 桩连接中心钻孔 J_2 钻孔。钻孔取芯采用 ϕ108mm 金刚石钻头，J_1 钻孔深度为 12m，J_2 钻孔深度为 11m。钻取旋喷芯样每孔分两组，置放岩芯箱内养生保存。J_1 与 J_2 取芯芯样见图 7-3 及图 7-4。

从两孔取芯看，芯样呈青灰色，表面都较光滑，长度多数在 15～30cm 之间，最长芯样为 80cm，最短芯样为 7cm，取芯率达 91%。芯样中水泥含量大，切开后观察水泥分布均匀，砂粒与水泥浆拌和充分，硬度较高。整个取芯过程水泥桩自上而下完整，无断桩现象。

在每段钻孔取芯中，选取一组芯样（3 块）送实验室进行物理力学性能试验，试验结果为旋喷桩平均抗压强度 R_{28}=9.41MPa，平均渗透系数为 $K=2.17 \times 10^{-7}$cm/s。

图 7-3　J_1 钻孔取芯芯样图

图 7-4　J_2 钻孔取芯芯样图

（3）围井开挖检查

围井注水及钻孔取芯工作结束后，对围井进行内外开挖，围井外侧开挖深度为 2.5m，内侧开挖深度为 2.0m。从开挖的围井看，围井井口呈不规则四边形，一序孔形成桩体呈较规则柱状，二序孔形成桩体在两侧一序孔桩体挤压下呈扁圆状，连接处界限分明。单桩墙体有效直径最大值为 1.5 m，有效最小桩径为 1.2m，桩体上下基本平直，但可以清晰看到，在提升速度控制下，形成微波状或呈层状固结体轮廓，单层厚度 10～15cm。墙体坚硬，锤击声清脆，交接处密实、坚固，实测桩体连接部位最大厚度值为 0.7m，最小值为 0.35m，满足设计要求。

3#桩自孔口以下 1.2m 处，发现有 0.1m 厚的黄泥夹层，长度约 0.3m，经向内挖 0.2m 又见水泥桩，经分析是灌浆前钻孔地层大量漏失泥浆所致。围井开挖图见图 7–5。

图 7–5　围井开挖图

（4）围井质量评价

通过对围井防渗墙的检查和各项试验工作，可知围井总体质量良好。开挖的墙体连续完整，桩间搭接可靠，桩体水泥含量充分且均匀，抗压强度和渗透系数满足设计要求。同时通过分析围井试验成果，修正设计选取参数值，得出符合工程实际情况的施工工艺参数（表 7–7）[36]。

表 7–7　旋喷灌浆施工工艺参数

项　目	设计参数	修正后的施工参数
高压水压力（MPa）	36 ~ 39	36 ~ 38
高压水流量（L/min）	65 ~ 75	70
压缩气压力（MPa）	0.6 ~ 0.7	0.6 ~ 0.75
压缩气流量（m^3/min）	0.8 ~ 1.2	0.8 ~ 1.0
浆压力（MPa）	0.3 ~ 0.5	0.5 ~ 0.6
浆流量（L/min）	60 ~ 70	60 ~ 65
提升速度（cm/min）	6 ~ 8	8
旋转速度（r/min）	5 ~ 8	6
浆液相对密度	1.55 ~ 1.60	1.60

通过围井试验多方面检查看，高压旋喷灌浆在石佛寺水库砂砾石地层中试验是成功的，旋喷桩套接地下连续防渗墙方案技术上是可行的。在围井试验成果的

指导下，该工程已正式进行 11000 延长米旋喷防渗墙施工。

7.2.2　本溪通信大楼挖孔桩桩基缺陷旋喷套桩加固

7.2.2.1　工程概况

在建的本溪通信大楼，建筑面积 23150m²，建筑总高 100m，楼基为 8 排人工挖孔桩，直径 1.8～3.5m，桩底扩大头伸入持力层（砂卵石）1m。

本楼地基岩性由上至下分别为：

（1）亚黏土

厚度 14～16m（原地面相对高程定为 0.00m）

（2）粉细砂

灰褐色，颗粒较均匀，局部不均匀，含少量圆砾和卵石，B-1、B-3 孔含粉质黏土夹层，厚度为 0.10～0.20m，C-1 孔含黏性土约 15%，饱和，稍密，厚度 0.15～0.85m。

（3）砂卵石

黄褐色、杂色，由结晶岩组成，亚圆形，一般粒径 2～6cm，大粒径 10～12cm，含混粒砂在 40% 左右，上部含砂量高，饱和，中密。

挖孔桩缺陷分为三类：

第一类：桩体长度不够，桩底有细砂夹层，没有伸入持力层（砂卵石），桩体没有扩大头或扩大头不完整。

第二类桩：桩底无细砂夹层，但桩体扩大头不完整。

第三类桩：除桩的深度不够之外，桩身内部还有软弱夹层（D2 桩）或孔洞（C12 桩）。

7.2.2.2　加固方案

在修改楼基结构设计（增加桩数、加厚楼底板等）方案，因工期不允许及造价高被否决后，立即进行了常规的静压灌浆试验，该工艺也因地层可灌性差而宣告失败。最后，经召开专家会议讨论研究，在多方案比较后决定采用旋喷套桩加固技术方案。利用高喷灌浆工艺在以成挖孔桩下构筑旋喷套桩群形成一个承台。其上部与挖孔桩底面相胶结，下部插入砂卵石层 1.0m 深，横断面积大于并包含挖孔桩扩大头直径（D）。在直径 D 范围内，漏浆面积不应大于 5%，如图 7-6 所示。

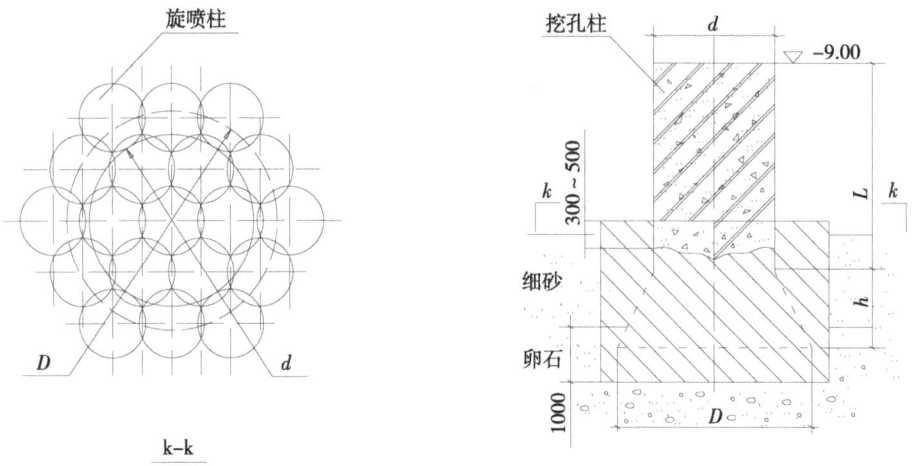

图 7-6 旋喷套桩加固地基示意图（单位：mm）

灌浆施工过程及技术参数（略）。

7.2.2.3 加固质量检测

（1）旋喷桩间的胶结

检查孔探资料表明，在砂层中，高喷灌浆的影响半径较大，全部钻探孔在距旋喷桩中心 0.5～1.0m 处均取获到完整的水泥砂浆岩芯，而且水泥与地层细砂掺混均匀。这表明砂层中旋喷桩的保证直径为 1.3～1.5m。

两旋喷桩中间的检查孔（探 7、探 10）以及其他挖孔桩周边检查孔的钻探资料充分表明，旋喷套桩群的横断面，达到了包含挖孔桩扩大头直径（D）以及漏灌面积小于 5% 的设计要求。

（2）抗压强度试验

对探孔及钻孔所取获的旋喷桩岩芯做了多组室内抗压试验，并与不同材料凝结体强度增长对比，成果如图 7-7 所示曲线。本工程旋喷桩体 30d、46d 及 140d 的抗压强度分别为 5.24MPa、6.5MPa、14.0MPa。试验成果表明旋喷桩在 90d 龄期，抗压强度便达到了设计强度（7.0MPa）。

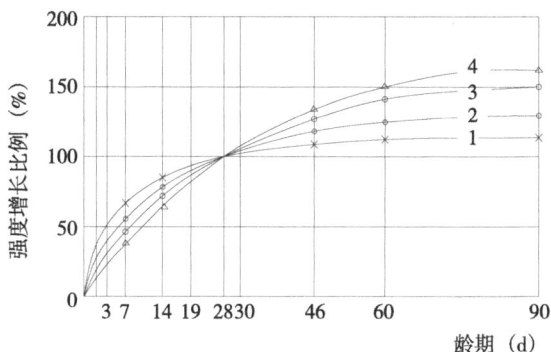

1. 普通硅酸盐水泥（425#）混凝土　2. 本工程旋喷桩体
3. 矿渣水泥（325#）混凝土　4. 其他工程旋喷桩体

图 7-7　不同材料的强度增长比例

7.2.2.4　加固结论

通过旋喷套桩技术对挖孔桩缺陷进行加固处理，使桩基承载力达到了设计要求。旋喷加固完毕后，随即开始楼底板的浇筑，直到主体工程竣工，历时一年多的沉降量观测结果表明，本工程处理效果十分理想。

7.2.3　铁岭立交桥开挖基础采用旋喷桩做挡土墙

辽宁省铁岭市广裕路北道口，是一座交通繁忙的公铁路平交道口，为了解决经常发生的交通堵塞，决定修建立交桥。设计中的立交桥南引道某段距离××厂居民楼过于靠近，最近处仅 2.0m 左右。该楼基础仅深 1.3m，原设计引道挡土墙基础开挖工作面深达 3.0~4.0m，明挖方案势必会使该楼基础暴露，导致该楼的稳定受到影响。故考虑在该段改变挡土墙设计方案。经诸多方案比较，高压旋喷注浆营造挡土墙方案，以其快捷、无震动、无污染、造价低等优点被选中。施工队于 5 月中旬进场，6 月中旬将全部挡土墙施工完毕。一个月后开挖衬砌护面石。经直观检查由旋喷桩构筑的挡土墙连续完整，质量良好。墙体采样送试验室检验，砂土及细砂中的固结体平均强度达 6.3MPa，高于设计标准，完全满足甲方要求。

7.2.3.1　旋喷挡土墙设计

（1）位置与结构

设计中的旋喷挡土墙，位于立交桥南引道内侧，该段里程为 0+333.72~0+378.72，段长 45m，引道中线弯曲半径 R=125m。旋喷挡土墙段与相邻重力式浆砌石挡土墙，以沉陷缝相接，平面上曲率一致。墙的厚度为 1.2 ~ 1.8m。即 0+333.72 端靠楼最近，由 3 排旋喷桩构成，保证厚度 1.8m，段长 22.5m。0+378.72 一端由两排桩构成，保证厚度 1.2m，段长 22.5m。墙两端另外加厚到 2.4m。墙顶高程 60.827m，即帽石以下 0.3m。第一排桩长度因非机动车道下，挖设滤水管而加长到 8.0m，即桩底高程为 52.827m。第二、第三排桩底高程，均以引道坡度 2%，由 0+378.72 里程处的 57.327m（桩长 3.5m）递降到 0+333.72 里程的 56.427m（桩长 4.4m）。为保证挡土墙整体稳定，在横断剖面上，由第一排桩到第三排桩，桩底高程递加 0.1m，如图 7-8 所示。

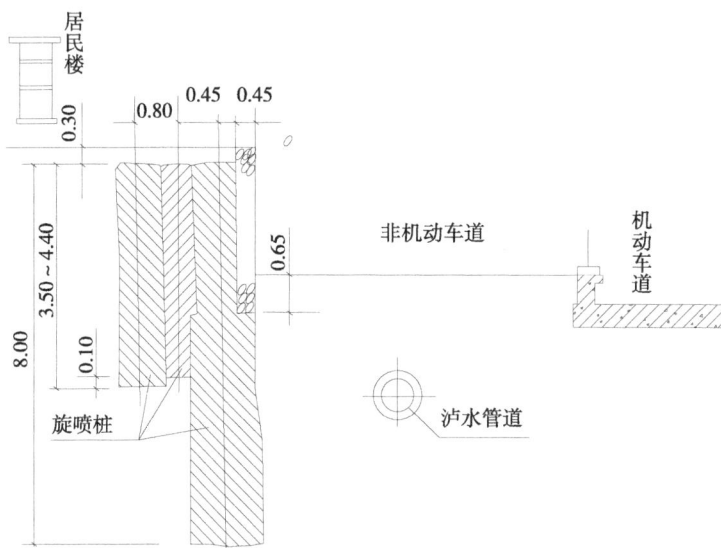

图 7-8　挡土墙剖面示意图（单位：m）

为使护面石砌筑于稳定的基础上，设计在第一排桩于非机动车道路面以下 0.65m 深度，增加桩径。护面石基础座于旋喷桩体增径的端面上。第一排各桩增径端面的高程，同样以引道坡度为准，由 0+378.72 里程向 0+333.72 递降。

（2）注浆浆材

挡土墙为永久性工程，考虑到其结构的受力条件，墙的建筑等级，如旋喷注浆水灰比过大，固结体在地下强度增长的龄期长，与要求开挖的时间紧迫不相符。结合地层岩性，地下水位及其性质等条件，决定选择纯水泥浆，并使用部分经处理的回浆，以改善施工工艺条件和充分利用灌浆材料。设计浆材配比为水泥：水 =1：0.8，灰浆比重 1.60，黏度 25 ~ 30s。

（3）旋喷桩布置及施工技术参数

挡土墙由多排旋喷桩排列构成，各排排距为 0.8m，桩距 0.90m。排间各桩呈梅花形排列，见图 7-9。设计桩径 1.0m，两桩间交接宽度应不小于 0.1m，厚度不小于 0.44m。3 排桩重叠部位最小厚度为 1.24m。

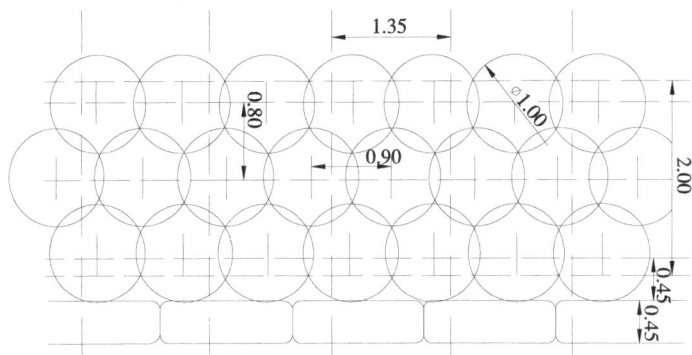

图中：排距：0.8m　枕距：1.35m　镶面石厚度：0.45m
　　　孔距：0.9m　桩径：1.00m　轨距：2.00m

图 7-9　挡土墙剖面局部示意图（m）

根据地层岩性及桩径设计，结合以往的施工经验，初步设计施工技术参数如表 7-8 所示，表中序号 1 为正常桩的施工参数，序号 2 为增径桩的施工参数。

表 7-8　施工技术参数

序号	喷射参数						运动参数		设计桩径	
	高压水		压缩气		水泥浆		升速	摆角		
	压力 (MPa)	流量 (L/min)	压力 (MPa)	流量 (L/min)	压力 (MPa)	流量 (L/min)	(cm/min)	(°)	大 (m)	小 (m)
1	36 ~ 40	75	0.6	1	0.3 ~ 0.5	75	10	190 ~ 200	1	0.95
2	44	70	0.7	1.2	0.5	75	5 ~ 8	200	1.6	1.2

7.2.3.2　质量检查

（1）钻孔取芯检查

在桩体上钻孔取芯，检查旋喷桩及连接处搭接质量，在该部位完成 28d 后进行。由监理工程师指定位置，第一排桩设 4 个检查孔，深度为 6.5m，第二排、第三排桩分别设 2 个检查孔，深度为 2.0 ~ 3.5m。钻孔取芯采用 ϕ 108mm 金刚石钻头，钻取旋喷芯样每孔分两组，置放岩芯箱内保存。

从检查孔取芯看，芯样呈青灰色，表面有砂砾突出斑纹，但整体较光滑，长度多数在 15～20cm，最长芯样为 45cm，取芯率达 82%。芯样中水泥含量大，切开后观察砂粒与水泥浆拌和充分，硬度较高。整个取芯过程水泥桩自上而下完整，无断桩。

（2）室内实验

在每孔取芯中，选取一组芯样（3块）送实验室进行物理力学性能试验，试验结果见表 7-9。

表 7-9　旋喷桩固结体试验成果

序号	桩号	取样深度（m）	岩性	喷射日期（月、日）	容重（g/cm³）	抗压强度（MPa）	渗透系数（cm/s）
1	80	2.0	壤土	5.28	1.28	1.61	3.2×10^{-7}
2	3	3.5	砂土	6.18	1.58	3.29	1.2×10^{-7}
3	30	6.5	细砂	6.14	1.55	8.03	1.3×10^{-7}
4	17	6.5	细砂	6.15	2.07	6.28	3.3×10^{-7}
5	34	6.5	细砂	6.13	1.66	9.58	1.6×10^{-7}
6	33	6.5	细砂	6.13	2.01	6.18	1.9×10^{-7}
7	61	2.0	壤土	6.8	1.94	1.35	4.9×10^{-7}
8	22	3.5	砂土	6.15	1.96	4.35	1.6×10^{-7}

本次铁岭立交桥挡土墙旋喷施工，从工程设计和现场施工来看，基本上是成功的。从开挖墙体看出，由于第一序桩径过大而造成第二序"扁桩"现象，"扁桩"部位墙厚偏大，是由于桩间距过小或施工技术参数过于保守导致的。但如此保守的施工工艺，可充分保证在地下形成具有连续完整、浆液饱满、水泥含量高、缺陷率低的质量优良的旋喷桩墙。

高压旋喷注浆技术有着明显的优点：无噪声、无振动、无污染、成本低、速度快、工期短、可以在十分狭窄的场地作业而不需要拆迁被加固的已成建筑物。从工程施工结果看，旋喷桩在砂土及细砂中的固结体平均强度达 6.3MPa，完全满足基础开挖挡土墙的强度要求[37]。

7.3　夹心式防渗墙

高喷防渗墙由单元孔喷射灌浆形成的板与板或板与桩相互交接而成，厚度一般较薄（10～30cm），属板状防渗体，难以满足永久性建筑物的耐久使用要求。针对这一问题，在大连小龙口水库坝基砂卵石层防渗施工中，采用了夹心式防渗墙，该方法将高压喷射灌浆与静压充填灌浆相结合，墙体外壳由双排高喷板墙相互连接成菱形井状结构，菱形井中心布置静压充填灌浆孔，待高喷板达到一定强度后再进行静压充填灌浆。与高喷板墙相比，夹心式防渗墙在厚度和单位体积墙体水泥含量方面均明显增加，提高了墙体的耐久性。

7.3.1 工程概况

小龙口水库位于大连市长海县大长山岛西部，坝址以上控制流域面积105km²，设计库容204.3万m³，主坝为黏土心墙土坝，坝顶长310m，最大坝高8.7m。水库唯一的效益是供水，是缓解大长山岛供水能力严重不足而开发的水源地。

水库坝基为两山间V形河谷内的第四系砂卵石覆盖层，宽约280m，最大深度为12.7m。覆盖层颗粒成分以10～20mm的卵（碎）石为主，次为粉细砂和亚黏土，较大块石呈散粒状分布，粒径100～300mm。结构呈中密—松散状态，渗透系数一般为$6.3 \times 10^{-4} \sim 4.2 \times 10^{-2}$cm/s。

由于海岛地域狭窄，淡水资源极为缺乏，水库仅靠集地表雨水蓄水，其设计年调节水量不足40万m³，因此在坝基覆盖层构筑防渗墙控制基础渗流显示了特殊的重要性。水库初步设计对坝基防渗墙提出如下要求：①坝基防渗墙应是一个连接两岸山体及坝基基岩面的防渗整体，其顶部与土坝黏土心墙连接；②要求防渗墙整体有良好的抗渗能力，其平均渗透系数不应大于$A \times 10^{-5}$cm/s，墙体渗流总量小于5.0L/s；③要求墙体有良好的耐久性，其抗侵蚀破坏能力应满足小型水库使用年限，并具有一定的抗变形性。

根据坝基工程地质条件及防渗要求，经过几种覆盖层防渗方案分析比较，选择了辽宁省水利水电科学研究院提出的防渗、耐久使用均有可靠保证，经济上可行，由高喷灌浆与静压充填灌浆结合构筑而成的夹心结构防渗墙方案。防渗墙上部插入黏土心墙2.0m，下部及两端嵌入基岩（或山体基岩）0.3～0.5m，全封闭坝基覆盖层。

7.3.2 夹心结构防渗墙的设计

夹心结构防渗墙由双排高喷板墙相互连接成菱形井状结构，菱形井内静压充填灌浆构成，其平面布置如第4章图4–13所示。高喷灌浆孔沿防渗墙轴线的上下游侧布置双排，排间距为0.8m，同排孔间距为1.7m，两排灌浆孔呈一一对应分布。各对应灌浆孔向内进行120°高压摆喷灌浆，形成的高喷板对接在一起，构成菱形井状防渗墙外壳。静压充填灌浆孔布置在菱形井中心，待周围高喷板达到一定强度后进行静压充填灌浆，使浆液充填、扩散到井内卵砾石层孔隙中去，固结后形成墙体内核。同时扩散到井内壁的浆液又将墙体内核与高喷板壳凝结在一起，从而形成一道夹心结构防渗墙。

7.3.3　灌浆施工

7.3.3.1　高喷灌浆施工

高喷灌浆设备除高压水泵、空压机、泥浆泵、灌浆管等成套的通用设备外，本工程还采用了满足双排孔作业的新型高喷台车及使基岩与墙体结合更牢固的下倾式喷嘴。

灌浆施工以两排间斜对应两灌浆孔为一组，分一序组孔和二序组孔两个序列进行。分序施工的目的是避免喷射时造成邻孔塌孔和串浆。先进行一序组孔施工，迁移高喷台车至已钻完的一序组两孔上择一孔就位，经定向、下管、试喷、提升、补浆等工序完成该孔喷射灌浆。然后将台车上部底盘转动一个角度，进行另一孔喷射灌浆。这样，台车每迁移一个工位可完成一组孔喷射灌浆。当一序组孔高喷灌浆施工完毕后，将台车整体转向180°进行二序组孔灌浆施工。双排孔分序施工详见图7-10所示。

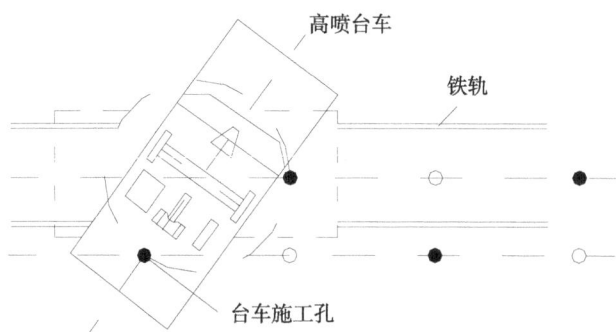

图7-10　高喷灌浆分序施工示意图

为使高喷板墙嵌入基岩达到设计要求，灌浆施工中，除保证灌浆孔钻入基岩足够深度和使用下倾15°喷嘴外，还采用了复喷工艺。即在基岩面以下0.5m至基岩面以上0.3m，先采用高压水气定喷，冲切基岩面附近风化岩层，随后将喷射管插回到原处，进行复喷灌浆。这样，通过二次喷射灌浆作用，扩大了基岩面处防渗墙的厚度及搭接长度。

整个高喷灌浆历时 50d，完成高喷灌浆孔 303 个，构筑菱形井 151 个，耗用水泥 408t。

7.3.3.2 静压充填灌浆施工

充填灌浆在高喷灌浆后 30d 进行。施工工艺采用在菱形井中心钻孔，在钻进过程中，通过钻杆向井内卵砾石孔隙灌浆。孔内的冲洗液即为充填灌浆的水泥浆液，水灰比为 0.5，密度为 $1.80g/cm^3$。充填灌浆压力为 $0.4 \sim 0.6MPa$（泥浆泵压力）。由于高喷灌浆在先，高喷时部分浆液已充填到卵砾石中的较大孔隙，因而充填灌浆的吸浆量小于设计量。充填灌浆完成 151 孔，耗用水泥 95.13t，平均每个菱形井充填水泥 630kg。

7.3.4 防渗墙质量检查及防渗效果

（1）开挖检查

整个灌浆施工结束后，沿防渗墙轴线方向进行全断面开挖（墙体插入心墙施工需要），清理出长 256m，厚 $0.5 \sim 0.85m$、高 2.0m 裸露的地下连续墙（图 7-11）。可以看出，组成墙体的各单元菱形体轮廓清晰，连接牢固，板壳与内核间层次分明。墙体表面粗糙不平，卵砾石被喷射浆液充分包裹，较大块砾石部分被浆液紧密包裹，部分悬露于墙外。将菱形体剖开检查，充填灌浆液以孔口为中心呈脉状扩散，并与高喷灌浆扩散的浆脉相连通。与灌浆前相比，菱形体内卵砾石的密实度明显提高，已由灌浆前的松散状变成类似窝团状凝结体。

图 7-11 开挖裸露的地下连续墙

（2）室内试验

根据安排指定的位置，在开挖的防渗墙上，对组成菱形墙体的外壳，内核分别取样（龄期约 150d），进行室内物理力学性能试验，试验结果见表 7-10。从表中看出：①墙体外壳和内核的渗透系数均达到设计要求，而且外壳的渗透系数更低些。由此可见，在实际运行中，由高喷灌浆形成的墙体外壳将起主要的防渗作用；②组成墙体这两部分的弹性模量均较低，而且彼此相接近，说明墙体具有良好的变形适应性和协调性；③墙体的抗压强度完全满足水库低水头防渗要求。

表 7-10　防渗墙体的物理力学性能指标

墙体部位	抗压强度（MPa）	弹性模量（MPa）	渗透系数（cm/s）
外壳	7.2	860	1.24×10^{-6}
内核	5.3	740	5.67×10^{-5}

（3）防渗效果

水库建成后，经历 4 年蓄水，库水达到设计正常高水位，坝前后形成了约 4.5m 的水头差，观察坝后坡脚附近地面无明显渗水现象。经长期观测，汇集于坝后排渗沟的总渗量始终小于 1L/s。说明夹心结构防渗墙取得了显著的防渗效果，达到了设计防渗要求 [38]。

7.4　土坝心墙一孔多灌工艺

7.4.1　工艺要点

辽宁省宫山嘴水库大坝心墙存在问题：一是心墙底部截水槽宽度小，需构筑防渗墙延长渗径，增强坝基的渗透稳定和抗滑稳定；其二是心墙体内存在裂缝，需充填灌浆、封堵裂缝。如果采用高喷灌浆方法能构筑防渗墙，但不能很好地充填裂缝；如采用静压充填灌浆能解决充填裂缝灌浆问题，但不能形成防渗墙；如采用两种方法分别进行施工将增加造价。

为此将高喷灌浆与静压灌浆相结合在一起，采用特制栓塞及填料装置在一孔内心墙不同层位分别进行两种灌浆。即在心墙底部截水槽处进行高喷灌浆构筑防渗板墙，完毕后将灌浆装置提升到心墙裂缝部位进行静压充填灌浆。通过试验，成功在心墙内完成上述两种灌浆。大坝心墙断面如图 7-12 所示，工艺要点为：

（1）针对水库大坝心墙不同病害情况，采取高定喷灌浆和静压灌浆结合方法，并且在一孔内连续进行两种灌浆，突破了传统上每种灌浆需单独造孔，独立完成模式，节省了灌浆时间、材料及费用。

（2）采取试孔注水，钻探勘测地层漏浆情况及取芯鉴定地层等手段，判断深孔（40m）的心墙裂隙存在位置，保证灌浆效果。

（3）在灌浆工艺上，通过改进灌浆机具（送液器、喷头、灌浆管、灌浆泵）及跟管栓塞、段顶填料等技术，达到在一孔内连续进行两种不同形式的灌浆。即先进行高压定喷灌浆，形成折线状防渗墙，后进行充填灌浆，达到充填坝体心墙空洞、裂缝的目的。

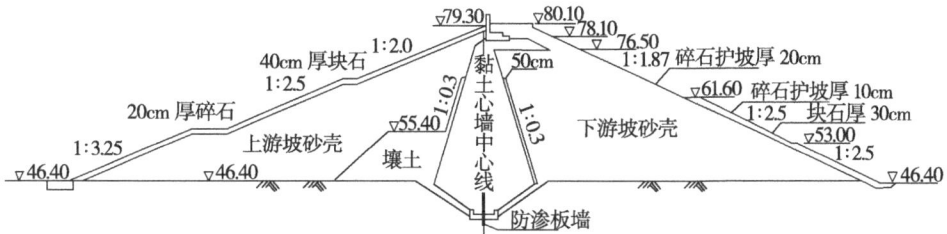

图 7-12 大坝心墙断面图

7.4.2 心墙病害成因分析

宫山嘴水库位于大凌河上游，建昌县城南 9km 处。水库控制流域面积 685km²，总库容 1.2 亿 m³，设计灌溉面积 10.8 万亩，属大（二）型水库。水库由主坝、副坝、输水洞、溢洪道、电站等主体建筑物构成，主坝长 457.5m，最大坝高 33.7m。坝型为黏土心墙砂壳坝。宫山嘴水库运行至今已有 40 多年，由于经历了 1958—1976 年的特定历史时期，大坝施工质量较差，隐患较多，迫使水库长期处于低水位运行状态，水库效益得不到发挥。

7.4.2.1 大坝心墙存在的主要问题

（1）黏土心墙填筑质量差，其中含有较大块石、干土面、冻土块和蜂窝土等，干容重偏低且分布较广，在不同部位不同高度上存有夹层和裂隙，坝基截水槽部位土体湿润松软[39]。

（2）在构造方面，混凝土齿墙没有被黏土完全包好，心墙两侧无反滤层，截水槽宽度偏小（仅 3m），渗径短，渗透坡降值较大。

（3）从坝体测压管观测反映，有些测压管水位波动异常。特别是大坝 291# 水位观测孔，当库水位上升到 72.70m，291# 孔水位突然增高，位势由 0.54 猛涨到 0.93，而且与库水位同步升降[40]。

心墙存在的各种各样质量问题，对渗透稳定不利，不容忽视。尤其是 291# 观测孔水位异常现象，说明在 291# 孔附近，已产生了渗流破坏。如不及时采取措施，将危及大坝安全。此外混凝土齿墙没有被黏土完全包好，截水槽底宽偏小，构成了坝体潜在的渗透破坏因素。为消除隐患，需在心墙底部补做防渗帷幕，封堵渗透通道，增长渗径，以达到渗透稳定的目的。对于心墙体内的缺欠，可采用灌浆方法填充裂缝和夹层，以增强心墙的防渗性能。但考虑到心墙体内这些质量缺陷是由多年形成的，目前可能发生变化，因此需先探查心墙质量究竟如何，再决定是否采取加固措施。

7.4.2.2　大坝心墙取样试验成果分析

沿坝体轴线方向每间隔 32m 布设一处取芯钻孔，整个坝段共布置 9 处钻孔。取芯深度从心墙正常高水位到坝基混凝土齿墙，每孔 7m 深为一取芯段，每段至少取 3 个土样。本次共取 148 组原状样，其中少数土样出现裂缝、含杂物等现象，剩余大部分土样质量较好。试验结果为：主坝心墙多由粉质黏土组成，土体的天然含水量一般为 14.55% ~ 24.55%，平均值为 18.28%；干密度一般为 1.45 ~ 1.83g/cm³，平均值为 1.67g/cm³；渗透系数一般为 1.15×10^{-8} ~ 8.09×10^{-4}cm/s，其中达到 $i \times 10^{-8}$cm/s 占 37.4%，达到 $i \times 10^{-7}$cm/s 占 23.1%，达到 $i \times 10^{-6}$cm/s 占 21.1%，达到 $i \times 10^{-5}$cm/s 占 12.9%，达到 $i \times 10^{-4}$cm/s 占 4.8%（$10 > i \geq 1$）。从上述指标来看主坝坝体质量是比较好的。虽然少数土样在正常水位以下附近发现有裂隙，但对照 20 世纪 60 年代的资料，存在的干容重偏低，湿润松软现象已基本消失，说明建库以来坝体经自然沉陷和固结后，心墙质量已向好的方面转化，因此对于心墙体内不必进行专门灌浆处理。

7.4.3　处理方案

心墙存在的各种各样质量问题，对渗透稳定不利，尤其是截水槽底宽小，渗径短，而填土又湿润松软，干容重小，局部夹石块等，渗透坡降值较大，以超过规范规定，因此潜伏着渗透破坏的因素。为消除这一隐患，需在心墙底部补做防渗帷幕，增长渗径，以达到允许渗透坡降的要求。对于心墙体内的缺陷，可采用灌浆方法充填裂缝和夹层，以增强心墙的防渗性能。

本工程心墙质量存在的问题范围较大，处理方案有混凝土防渗墙和灌浆两种。建造混凝土防渗墙工程量较大，而填充裂缝、空洞及夹层等不宜做到，若坝体因雨水渗入，仍不能改善心墙体内的缺陷。灌浆方案较为易行，对于解决本工程的实际问题，可以得到良好的效果。鉴于此，推荐复合灌浆方案进行处理。截水槽部位采用高喷灌浆构筑防渗墙，延长渗径，对于心墙体内裂缝，根据试孔注水取芯反映的实际情况，再确定施灌范围，采用静压充填灌浆。

由于本工程大坝及基础均须进行灌浆加固处理，原设计坝体裂隙采用静压充填灌浆，截水槽部位采用高喷灌浆构筑防渗墙。两种灌浆形式均须分别进行施工，各自独立完成，需重复打孔，工期长，造价高。经过反复现场试验，采用特制跟管栓塞及填料，实现了一孔内分别进行二种灌浆，顺利完成水库大坝灌浆工程。

7.4.4 定喷灌浆施工简述

7.4.4.1 灌浆孔的布置

本次灌浆施工处理坝段范围为右起桩号 0+418.6 左至桩号 0+074，总长度 344.6m。定喷防渗墙轴线布设在防浪墙前 0.4m 处，平行于坝轴线。灌浆孔间距为 1.0m，喷射角度与轴线夹角为 15°，板墙采用交叉折线形连接。要求形成定喷板墙渗透系数 $K<1\times10^{-6}$cm/s。定喷灌浆分两序进行，先灌 I 序孔，后灌 II 序孔，按逐渐加密原则进行 [41]。

7.4.4.2 施工工艺

（1）钻孔

钻孔采用 5 台 XY–2PC 液压钻机，开孔直径 110mm。黏土心墙采用麻花钻头干钻造孔，每进尺 30cm 提钻 1 次，卸土清理钻头，以保证钻孔垂直度和不发生缩孔。本次钻孔心墙孔深达 30～35m，为保持心墙原状，干钻过程中严禁加水。混凝土齿墙及基岩采用金刚石钻头，钻进过程中加少量黄泥浆做冲洗液冷却钻头，钻取岩芯。钻孔要求孔斜率小于 1.5%，用测斜仪量测，每钻 10m 量测 1次孔斜，如大于 1.5% 需要采取纠偏措施。

（2）制浆

定喷灌浆浆液采用纯水泥浆，水泥采用葫芦岛渤海水泥（集团）有限责任公司生产的渤海牌 P42.5 普通硅酸盐水泥。浆液配比为 1:1（水泥:水），水泥浆比重为 1.51。制浆工艺为按配比及设计浆量计算出所需要的水、水泥量，先后加入搅拌桶中搅拌，达到设计要求比重后，用泥浆泵输送到灌浆管中进行喷射灌浆。

（3）喷射灌浆

本次灌浆采用 SGP30–5 型液压控制、无级变速高喷台车。灌浆管采用直径

75mm 三重管。喷射灌浆工序流程为迁移高喷台车至已钻完钻孔上就位，经定向、下管、试喷、提升、补浆等工序完成该孔喷射灌浆，然后将台车迁移至另一待喷孔位上。为避免喷射时造成塌孔，灌浆时按设计孔序隔孔喷射灌浆。高喷灌浆施工参数见表 7-11。

表 7-11　定喷灌浆施工技术参数表

高压水		压缩气		水泥浆		提升速度 (cm/min)	定喷夹角 (°)	喷嘴直径 (mm)
压力 (MPa)	流量 (L/min)	压力 (MPa)	流量 (L/min)	压力 (MPa)	流量 (L/min)			
30	75	0.7	1.2	0.5	65	8	15	2

7.4.5　质量检查

（1）钻孔检查

在以探测心墙存在空洞、裂缝位置进行钻孔检查发现水泥黏土浆已充填到裂缝层面，层间浆液饱满胶结良好。

（2）围井注水试验

为检测高喷墙体的防渗性能，根据设计要求在防渗墙体的一侧构筑试验围井进行注水试验，试验围井布设 3 个。围井平面呈近似四边形，一边为高喷灌浆施工形成防渗墙，其余三边为附加孔，在同等喷射参数条件下形成的防渗墙，顶部及底部分别在两个不同标高处用旋喷灌浆封闭。围井结构如图 7-13 所示。试验结果表明，高喷灌浆形成的防渗体的平均渗透系数达到 1.4×10^{-7}cm/s，满足设计防渗要求。

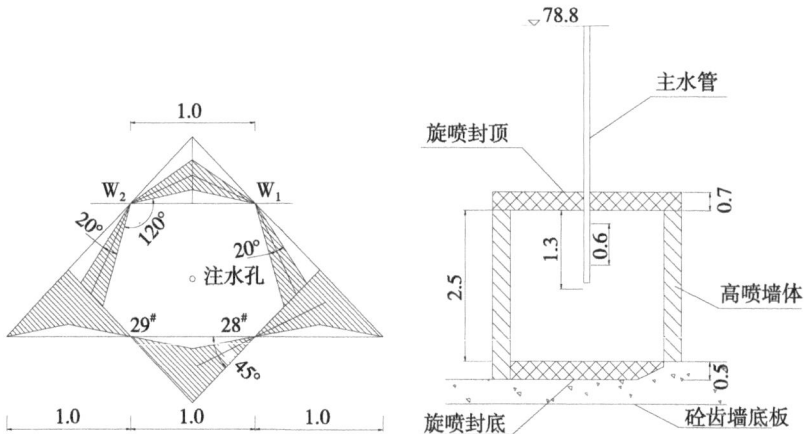

图 7-13　围井结构示意图（m）

7.5　穿坝（堤）涵洞截水环

埋于堤坝建筑物内的输水涵洞，通常为钢筋混凝土的方形或圆形结构，其外壁与埋土间产生接触渗漏，此种情况下运用高喷灌浆技术，构筑将整个涵管四周包裹起来[42]，形成一道拦截管外壁接触渗漏的环状帷幕简称截水环。以下以辽阳市沙河池排水站排水方涵构筑高喷截水环为实例具体说明。

7.5.1　工程概况

沙河池排水站坐落于辽阳市灯塔市太子河右岸大堤，属用于排出内涝积水的穿堤建筑物。主要技术参数为：堤顶高程：21.5m，前池设计水位：14.70m，设计洪水位：20.3m（$P=5\%$），排水流量：4.8m³/s。排水站方形涵为有压钢筋混凝土结构，洞长31.3m，过水断面：1.5m×2.5m。主要效益为防洪，保证1.1万亩土地免受洪涝灾害。排水站投入运行后主要存在问题是，当汛期太子河水位上涨，泵站上下游水头差达3.5m时，前池右侧挡土墙出现多处喷射状渗水，并有涌砂现象。翼墙边坡也出现沉陷，塌坑直径约3.0m，深0.9m。此外站址附近300m堤段均由粉细砂筑成，空洞、裂隙较多。由于投入运行后工程渗漏严重，而且该站位置险要，一旦失事，将危及灯塔、辽阳、海城等市县十多万亩农田的防洪安全。因此，多年来一直被列为辽阳市防洪重点险工之一，须进行防渗处理。

7.5.2　处理方案及现场试验

站址地基属于第四纪河流相冲淤积地层，地表土以下25m左右为粉细砂，有中液限黏质土夹层，25m以下为砂砾石层。

通过检查，涵洞内无渗水裂隙，排除了由内向外渗漏的可能性。根据运用期间的渗漏情况以及对地下轮廓线渗径验算，可认为产生渗漏的主要原因在于方涵的渗经不足。因此，在渗流作用下，在方涵与堤体之间产生了接触冲刷及流土等形式的渗透变形，并形成了较大的渗漏通道。

为了弥补方涵渗经不足，消除堤体、堤基的渗漏隐患，经多种方案比较决定采用高喷灌浆法在堤体、堤基构筑一道防渗板墙以增加渗经，并在方涵四周采用特殊工艺形成防渗截水环以封堵接触冲刷渗漏通道。防渗板墙位置如图7-14所示。

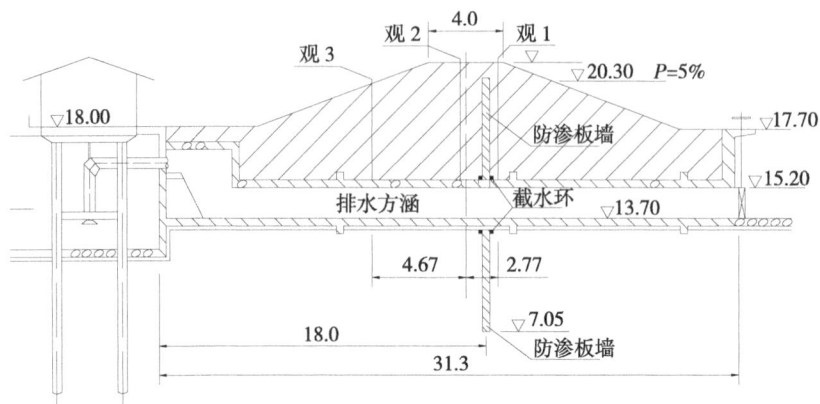

图 7-14 防渗板墙位置示意图 (m)

为了确定穿堤方涵防渗加固的最优施工参数,在堤外选择了一块与堤基相近地质条件的场地,做生产性试验。在此场地上,共布置 6 个喷射灌浆孔组成试验围井,其中旋喷、摆喷、定喷各 2 个孔。进行不同灌浆参数、材料配比下喷射成墙试验。28d 后对围井进行开挖检查,结果表明:围井墙体连续完整,旋喷桩与摆喷、定喷板间搭接可靠,墙体内水泥含量充分且均匀。并进行围井注水试验和取样室内实验。其试验结果如表 7-12 所示。

表 7-12 高喷围井试验成果表

编号	浆管升速 (cm/min)	水压力 (MPa)	灌浆流量 (L/min)	灌浆配比 (水泥:黏土:水) 或 (水泥:水)	墙体抗压强度 (MPa)	墙体渗透系数 (cm/s)	喷射长度 (双侧) 或直径 (m)	板墙厚度 (cm)	备注
1#	18	30	60	1:0.2:1	0.86	3.3×10^{-6}	2.35	7.5	定喷
2#	16	32	65	1:1:1.6	0.45	8.4×10^{-7}	2.95	8.5	定喷
3#	14	30	60	1:2:2.8	0.34	9.1×10^{-7}	2.41	14.6	摆喷
4#	12	32	65	1:0.8	1.26	4.2×10^{-6}	2.60	17	摆喷
5#	10	30	60	1:1	1.44	1.4×10^{-6}	1.04		旋喷
6#	8	28	65	1:1	2.57	6.8×10^{-6}	1.16		旋喷

注:喷射参数只列出主要参数。

7.5.3 防渗板墙设计及施工

依据前期试验结果,堤体、堤基处理采用定喷灌浆形成防渗板墙,加强部位方涵处采用旋喷和摆喷灌浆形成截水环。定喷防渗墙轴线布设在大堤轴线位置,总长度300m。设计灌浆孔间距为2.2m，喷射角度与轴线夹角为30°，板墙采用交叉折线形连接。对于方涵四周旋喷和摆喷灌浆，由于方涵断面尺寸较大，钻孔与喷射只能在方涵两侧进行，孔间距达3.4m，故在方涵左右两孔各做3次重复喷射，即2次定向交叉喷射，1次旋转喷射，以加厚固结体的尺寸。此外为了改善与隧洞壁混凝土的连接质量，使用了倾角为15°的下倾式喷头。使之在涵管外侧形成一牢固的截水环，摆喷板间夹角为150°（图7-15）。

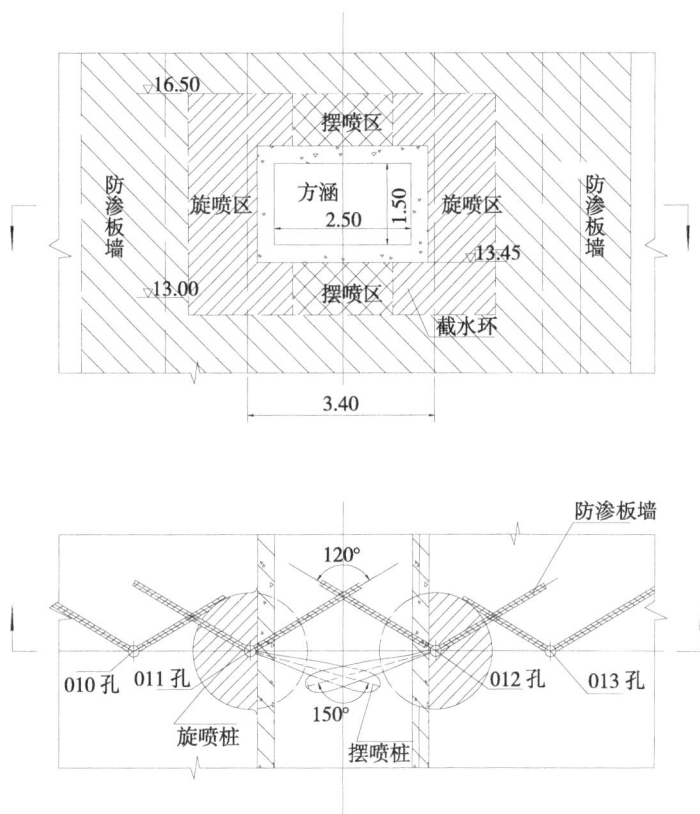

图7-15 方涵部位加固示意图（m）

浆材方面，方涵部位截水环主要是解决接触冲刷造成的渗漏问题，所以在方涵周围采用水泥浆，配比为1∶1（水泥∶水），使其具有较高的黏结强度和抗渗性能。而在堤段部分，由于水头低，高水位持续时间短，则采用水泥黏土浆，配比为1∶1∶1.6（水泥∶黏土∶水），它与水泥浆相比，具有固结体弹性模量低、墙体受力状态改善，水泥用量少，工程造价降低等优点。

高喷灌浆试验及施工采用三管法，依据前期现场试验结果，确定施工参数为高压水压力定喷 30MPa、摆喷 32MPa、旋喷 28MPa；灌浆管升速分别为 16cm/min、12cm/min 和 8cm/min；摆喷灌浆摆角 23°，旋喷转速 8r/min。灌浆施工时定喷灌浆分两序进行，先灌Ⅰ序孔，后灌Ⅱ序孔，按逐渐加密原则进行。

7.5.4　防渗质量检查及防渗效果

（1）灌浆质量

通过对 024 号、025 号孔的开挖证实，喷射板墙长度，厚度均达到设计要求，板间交接良好，防渗墙顶部浆液饱满，无夹层及凹穴现象，板墙附近堤体内 1～2mm 宽以上的裂隙亦被充填，浆脉可达 1.5～2.0m。墙体渗透系数为 7×10^{-6}cm/s，抗压强度为 1.14MPa，满足设计要求。

（2）测压管观测

据测压管的观测资料，防渗处理后，汛期观测孔水位明显下降，由处理前的 15.53m 降至 13.09m，其位势值由 0.94 下降到 0.61，恢复了建站时的正常状态。这表明，高喷板墙截水环已成功地封闭了方涵周围的集中渗漏通道，明显起到了阻渗降压作用。

工程实践证明，采用高喷灌浆法，在产生渗漏的排水站方涵四周构筑防渗截水环，封堵渗漏通道是成功的，截水环有效地弥补方涵渗经不足，从而消除堤体、堤基的渗漏隐患。

7.6　修补处理灌注桩及土工膜施工中产生的缺陷

高喷灌浆过程中，高压、高速的浆（水）、气射流束可将相邻的地下障碍物冲刷并胶结牢固。所以，高喷灌浆工法具有躲避、包容地下障碍物以及修补各类地下桩、墙（膜）缺陷的独特功能。

7.6.1　灌注桩挖孔内流砂层的旋喷灌浆处理

7.6.1.1　基本情况

本钢二钢厂为铁合金系统工程需要，在炼钢车间 Ea-D 跨 18～20 段之间，准备做 8 个挖孔灌注桩，并在其上面建造梁、柱结构混铁炉平台。8 个灌注桩均采用人工开挖，并做混凝土护壁保护。由于地下水位较高而且丰富，在挖孔深度达到 4.0m 左右，孔内均出现流砂现象。而且随着挖深增加，流砂越严重。虽采用钢护壁筒，抽水跟进开挖等措施均无效果。其中一孔已排出细砂近 4.0m³，孔底深度仍无变化。此时距挖孔桩持力层卵石层还有 3.8m，挖孔施工被迫停止。为了达到设计深度以及防止流砂引起周围基础的沉降，须对流砂层进行固砂处理。通过方案比较，选择了旋喷灌浆法加固流砂层方案。

7.6.1.2 旋喷加固设计

（1）水文地质情况

地质勘察报告表明，本钢二钢厂炼钢车间 Ea-D 跨 18~20 段浑铁炉平台处，地形平坦，其地貌为人工回填后形成的超河漫滩二级阶地。地层由上至下依次为素填土、淤泥质粉土、细砂和卵石。其中细砂及卵石的容许承载力分别为 140kPa 及 400kPa。卵石层顶面埋深 7.7~7.8m（以厂房地面为基准高程），上伏 1.0~1.3m 细砂；地下水埋藏深度随季节不同而变化，钻探期间为 7.5~7.8m，挖孔期间为 3.8m 左右。

（2）旋喷桩布置及结构

8 个挖孔灌注桩及旋喷桩孔位平面布置如图 7-16 所示。利用高压旋喷灌浆工艺在已做护壁的挖孔中心流砂层构筑旋喷桩，其桩径大于灌注桩直径（1.2m），保证直径为 1.5m，旋喷桩顶面高于钢护壁筒底部 0.5m，旋喷桩底面进入砂卵层 1.5m。如遇混凝土与钢护壁脱节，在脱节段也要进行旋喷注浆固砂处理，其结构如图 7-17 所示。根据固砂要求，旋喷桩 28d 的抗压强度大于 2.0MPa。

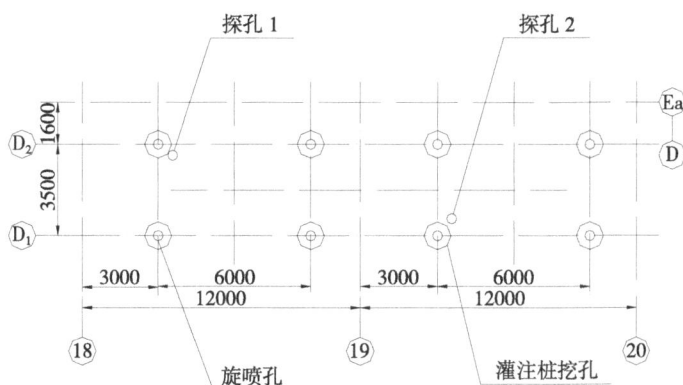

注：Da-D、18、19 及 20 为炼钢车间 Ea-D 跨 18~20 段的中心线

图 7-16 旋喷桩及检查孔平面布置图（mm）

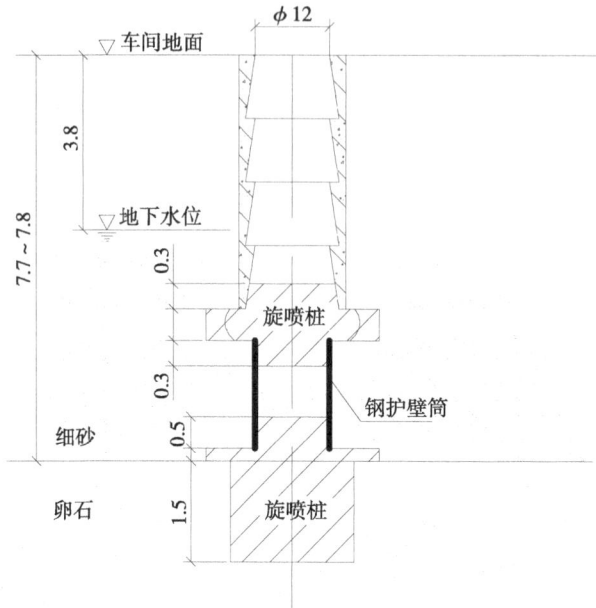

图 7-17   旋喷桩结构示意图（m，ϕ12 为桩径 1.2m）

（3）灌浆施工

根据提供的人工挖孔的有关护壁长度及孔底深度尺寸情况，确定灌浆钻孔深度及灌浆段长。为了避免灌浆过程对周围地基过多的削弱，对 8 个挖孔桩以间隔顺序进行灌浆。灌浆材料采用 P42.5 级的普通硅酸盐水泥。配制的水泥浆液水灰比为 0.8。旋喷灌浆采用三重管法喷射工艺。灌浆水压为 36 ~ 38MPa，气压力为 0.6 ~ 0.7MPa，浆压力为 0.3 ~ 0.5 MPa，灌浆管提升速度为 6 ~ 8cm/min。

7.6.1.3 旋喷效果检查

为了检测旋喷灌浆在地下形成桩体的质量，在施工结束后，由监理工程师指定位置，抽样钻 2 个检查孔，编号为探 1 和探 2，分别距旋喷桩中心 0.6m 及 0.8m。

（1）钻探资料表明，在砂层中，旋喷注浆的影响半径较大，两探孔在距旋喷桩中心 0.6m 及 0.8m 处均取到完整的水泥砂浆岩芯，水泥与地层细砂掺混均匀，这表明砂层中旋喷桩的保证直径达到 1.6m。

（2）在卵石层，旋喷桩径相对较小一些，其中探 1 孔芯样水泥含量较充分，大颗粒卵石被水泥浆包裹，探 2 孔芯样水泥含量较少。因此判断卵石层中，旋喷桩直径在 1.2 ~ 1.6m。

（3）由于灌浆液的渗透作用，旋喷桩底向下延伸了 0.3 ~ 0.4m，大于设计高度,实测伸入卵石层 1.8m。

(4) 对探孔获取的旋喷桩岩芯做了多组室内抗压试验,其结果为旋喷桩 28d 平均抗压强度沙层为 2.14MPa;卵石层为 5.62MPa,均满足旋喷固砂处理后,流沙层地基达到 2.0MPa 的设计要求。

(5) 通过对本钢二钢厂已挖桩孔内流沙层的旋喷灌浆固砂处理的实践,说明旋喷注浆技术处理因流沙塌陷挖孔施工不能继续进行的地层是可行而有效的方法。

7.6.2 垂直铺设防渗土工膜产生缺陷的高喷墙修补

土工膜基本不透水,而且价格低廉,因此是一种理想的垂直防渗材料。其中,在粉质或砂质地基中用机械成槽、泥浆护壁,然后在槽中垂直铺设土工膜的技术也是一种很先进的工法。然而,由于一些施工因素或工艺的局限性,也可能会出现垂直防渗膜断挡或"天窗"等缺陷。这些部位是明显的集中渗漏通道,如不及时封闭,将会造成大量的渗漏,并严重地危及挡水建筑物的安全。对此,在垂直防渗的各种工法中唯有高喷灌浆工法能够较为理想地予以修补处理。

7.6.2.1 概述

阜新市细河拦河蓄水工程橡胶坝坐落地层岩性自上而下分别为:0~2m 壤土;2~6m 粗砂、砾砂;6m 以下为层黏土夹层,其中粗砂及沙砾层为透水较强地层。为了防止大量渗漏,首先在橡胶坝及两岸河堤的基础中,垂直铺设了防渗土工膜。工程主体质量优良,但也存在着 4 个缺陷区段:第 1 区段,铺膜时,土工膜自动脱落入槽中,致使该段铺设质量不合格;第 2 区段,锯槽遇到大块石,只能抬锯通过,致使土工膜埋深没能达到设计高程;第 3 区段,右岸堤基垂直防渗土工膜与橡胶坝基垂直防渗土工膜轴线成 80°角,锯槽机工法所限不能相搭接,断挡 5m;第 4 区段,施工中槽壁坍塌,重新开槽,致使相邻两槽中垂直防渗土工膜虽然搭接 6m,但两膜相离,形成 2.5m 宽的豁口。这些缺陷均以高喷灌浆工法进行搭接处理。

7.6.2.2 垂直防渗设计

本工程坝基及上游两岸堤基的基础防渗,以垂直铺设土工膜为主,以高喷灌浆修补土工膜缺陷为辅。

(1) 垂直铺设土工膜

垂直埋膜的施工工艺流程:开挖施工导槽→启动开槽设备→开槽→排渣→垂直铺膜→回填。槽宽 0.20m,槽深大于设计埋膜深度 0.5m。土工膜纵向接头采用搭接方式，搭接长度 2～3m。

(2) 高喷防渗墙

高喷防渗墙既要修补、封闭土工膜的缺陷段，又要与邻近的土工膜相胶接，二者联合建立起连续可靠的防渗体系。为此既要使高喷墙与土工膜之间贴近，而土工膜又不能被高速水、气射流破坏。所以本工程设计为小角度、摆喷对接形式的防渗墙单元。

高喷灌浆工法，通过旋喷、定喷及摆喷，可形成折接、套接及对接等多种形式的高喷防渗墙。结合本工程的特点，所采用的摆喷对接方式可获得理想的效果。其技术原理及依据为：

①小角度对喷的水、气射流基本平行于土工膜，而且相互贴近。通过高速射流的喷射动压、脉冲振荡效应、锤击作用、水楔效应以及气穴效应等作用，有效地切割了土体。而且还很容易射穿并充分冲刷土工膜与地层土之间的接触面。使高喷墙与土工膜的胶接长度及质量均得到了加强。

②高压水射流轴线与土工膜的夹角很小（在 0°～7.5° 间摆动），对土工膜的冲击力，仅为正面喷射（夹角 90°）的 0.03 倍左右，远远小于土工膜的撕裂强度及顶破强度。同时土工膜背水面并非临空面，依附背面的土层更增加了其抗冲击能力。因而小角度摆喷对接墙保证了土工膜的安全无损。

③孔间相对喷射可充分利用喷射能量，搭接段的射流可对未凝墙体重复喷射与搅拌（邻孔喷射时间间隔小于墙体初凝时间）。邻孔间的障碍物（如块石等），可受到两孔的双向喷射，从而提高了墙体的水泥含量、均匀性和密实度，降低了墙体的孔洞、气泡等缺陷率。

(3) 高喷墙与土工膜的搭接

高喷墙与土工膜轴线平行，间距为 0.10～0.20m。高喷墙的长度应包含土工膜的缺陷段，并分别向其两侧延长，保证与合格土工膜的搭接长度 ≥ 5m。

(4) 垂直防渗深度及抗渗设计

本工程设计水头 ΔH=3.5m，经渗流计算，确定土工膜埋深 S=6.0m，则高喷墙平均深度为 6m，而且至少需插入黏土夹层 0.5m。经对堤基垂直防渗后渗透稳定复核计算，坝基逸出点坡降 J=0.13，小于堤基允许坡降 $[J]$=0.18。土工膜属于不透水材料，其渗透系数为 1×10^{-12}～1×10^{-11}cm/s。

①土工膜的计算厚度：T=0.075mm。本工程选用规格为 0.5mm 的 PE 土工膜。

②高喷墙体的孔间距设计为 2.0m；每个灌浆孔单侧喷射板长 >1.2m。灌浆浆液配比设计为 1∶0.1∶0.8（水泥∶黏土∶水）；使用普通硅酸盐水泥，强度等级

P42.5 级。利用设计浆液所形成的墙体，允许渗透坡降 $[J_墙]>100$。高喷墙的厚度 t 为：

$t=\Delta H/[J_墙]$，计算得 $t>3.5cm$，即满足抗渗强度要求，考虑设备因素，实际设计高喷板墙均厚度 20cm。高喷防渗墙的渗透系数 $K<1\times10^{-5}cm/s$。

7.6.2.3 施工工艺

（1）埋设土工膜

①技术参数。成槽宽度 20 ~ 25cm，成槽深度 6 ~ 7m，沟槽轴线弯曲半径 $\geq 47m$。成槽工效平均 $2.43m^2/h$。综合工效为 100 ~ 600m²/d。

②制浆。相对钻孔而言，开槽对泥浆的技术指标要求更高，液压开槽埋膜机组开槽施工成败的关键因素之一是泥浆。本工程泥浆比重控制为：$r=1.1 ~ 1.3kg/L$。

③铺膜。铺膜机将膜一端固定在槽内的固定轴上，另一端缠绕膜轴随铺膜机前进并转动，在槽内展开膜，形成连续不断帷幕。

④沟槽回填。为了降低泵容量和制浆量，将岩渣排入已铺膜的槽内。这种工艺既可回填埋膜槽段，又可使泥浆流回槽内重复使用。

⑤主要设备。包括开槽机、铺膜机及泥浆配制、输送系统等，总功率 98kW。施工动力为 150kW 柴油发电机组。

（2）高喷灌浆

①施工技术参数。本期高喷灌浆采用的主要施工技术参数为：高压水压力 38 ~ 40MPa，流量 75L/min；低压气压力 0.6 ~ 0.7MPa，流量 1.2m³/min；灌注浆压力 0.3 ~ 0.5MPa，流量 70 ~ 80L/min；灌浆管升速 12cm/min，摆速 12 次 /min，摆角 15°；旋喷转速 8r/min。

②浆液配制。灌注浆液按设计的水泥品种及配方在制浆站配制。控制进浆密度为 1.58 ~ 1.65kg/L，孔口冒浆密度 >1.25kg/L。

③施工机械及动力。本工程主要的施工机械为钻机、高压水泵、空压机、灌浆泵、搅浆机及高喷台车等。总功率为 150kW，设备动力为 180kW 柴油发电机组。

7.6.2.4 工程质量

（1）工程质量检测

①土工膜埋设：通过施工过程检测以及抽样开挖检查，未发现土工膜有卷曲、褶皱、孔洞现象。土工膜平整垂直，接缝处膜端边垂直，搭接长度满足设计要求，膜与膜紧密贴在一起。

②高喷灌浆。诸多钻孔探明高喷灌浆段的岩性,上层(约 2m)是壤土,表层较密实,下层为粗砂、砾砂。在壤土中,高压摆喷板长 1.4~1.7m,板厚 0.1~0.2m。在砂层中,板长 1.8~2.5m,板厚 0.15~0.25m。在锯槽回填砂(较疏松)中,板长可达 3.5m。

③高喷墙与土工膜的胶接。现场施工及开挖检查表明,摆喷对接墙段上,邻孔之间的高喷板墙与土工膜的胶接长度为 0.5~2.0m(孔间距为 2.0m)。胶接面上浆液饱满,没有泥皮、土夹层等杂物。

④高喷板墙的抗渗、力学性能指标。辽宁省水利水电工程质量检测中心检测成果:本工程高喷墙体渗透系数 K=3.4×10^{-6}cm/s,28d 抗压强度 R=0.48MPa。

(2)工程质量评估

①孔间距 2.0m,每孔单侧板长 >1.0m 即可形成连续的高喷防渗墙。本工程所采用的施工技术参数,可形成 1.4~2.5m 的板长。如此保守的施工工艺,充分保证在地下形成了具有连续完整、浆液饱满、水泥含量高、缺陷率低等质量优良的高喷防渗墙,同时也大大加强了高喷墙与土工膜之间的胶接质量。高喷墙体的抗渗、力学性能指标均满足了设计要求[43],达到了修补垂直防渗土工膜工程缺陷的目的。

②本工程采用间隔的而且较小的钻孔成功地躲过了地下的块石,充分显示了高喷灌浆工法在防渗技术中所具备的独特功能。

7.7 高压定喷防渗板墙的防渗效果和受力状态

应用高喷灌浆构筑防渗墙,由于成墙的施工方法、结构形式、厚度、材质等方面与普通灌浆或混凝土防渗墙不同,从理论上进行分析计算是困难的,而埋设仪器进行原型观测可间接分析其防渗能力、效果和受力状况,在辽宁泡子沿水库坝基防渗体中试探性地埋设了部分监测设备,取得了一些观测资料,现将其整理分析出来以供参考。

7.7.1 概述

泡子沿水库是一座综合利用的中型水库,位于沈阳市法库县境内,库容为 5426 万 m³,主体工程由主坝、副坝、溢洪道、输水洞四部分组成。主坝为均质土坝,坝长 507m,坝顶高程 110.30m,最大坝高 12m。该库于 1956 年施工,同年库水位达 104m 时,主坝 0+280~0+300 和 0+080~0+190 段发生渗漏。1960

年汛期库水位达 106.5m 时，主坝原导流段 20m 范围内坝后渗流量 0.06m³/min，有管涌和砂沸现象，坝后形成一片沼泽。

主坝漏水主要发生在河槽段，该段由地表向下 3.0m 深为中细砂层，是一较强透水带，宽度约 50m，此外右岸坝肩还存在基岩裂隙渗漏。1981—1982 年间曾对大坝坝基渗漏段做了水泥黏土灌浆处理，但收效甚微。

1983 年初，采用高喷灌浆法对坝基的渗漏段进行防渗处理，深度 17m，结构为锯齿式防渗板墙，顶部深入坝体 1.5 ~ 2.0m，底部嵌入风化岩 0.2 ~ 0.4m，取得良好效果。施工选用水泥膨润土浆，浆材比重 1.36，黏度 34 ~ 36s。取样试验防渗体的抗压强度 R_{180}=2.5MPa，弹性模量 E_{180}=980MPa，渗透系数 K=4.4×10^{-7}cm/s，渗透破坏比降 J=1667 ~ 1733。虽然坝肩绕渗，还未处理，但通过几年的观测，表明坝基的防渗处理效果良好。

7.7.2　观测设备的布置与资料整理

（1）观测设备布置

为了观测高喷板墙的防渗效果，了解其工作状态，高喷施工前在砂层中布置了一排测压管，计 5 支（编号 3-1 ~ 3-5），在基岩布置一排，计 2 支（编号 3-7 ~ 3-8）。采用自行研制的设备和方法埋设了钢弦式渗压计 6 支（编号 81、83、87、88、91、93），土压计 6 支（编号 1570、1594、1585、1529、1583、1592）和差动式应变计 3 支（编号 123、158、189）等观测仪器，其中应变计是在喷射的同时埋入的，用水工比例电桥测量其应变值；渗压计和土压计是在上、下游另行钻孔（ϕ146mm）埋设[44]。用导向杆控制其方向和高程，用钢弦周期仪测量其变形[45]。观测设备安装埋设位置如图 7-18 所示。

（2）资料整理

观测时间自 1983 年 5 月至 1984 年 9 月，观测项目有库水位、降雨量、观测管水位、渗压、土压、应变及下游水位情况。资料整理参照水利部《土坝观测资料整理办法》进行，结果见表 7-13 ~ 表 7-22 和图 7-19 ~ 图 7-24。

从图中分析：①测压管和各仪器很敏感，与库水位关系密切，总的变化规律一致；②有超前上升和下降现象；③过程线逆时针转圈；④喷前、喷后库水位与测压管水位关系出现较大转折（突变）等。这些现象一方面反映了高喷效果，另一方面也反映了降雨和低水位季节区域地下水的影响，因此舍弃了明显受其影响的观测数据。

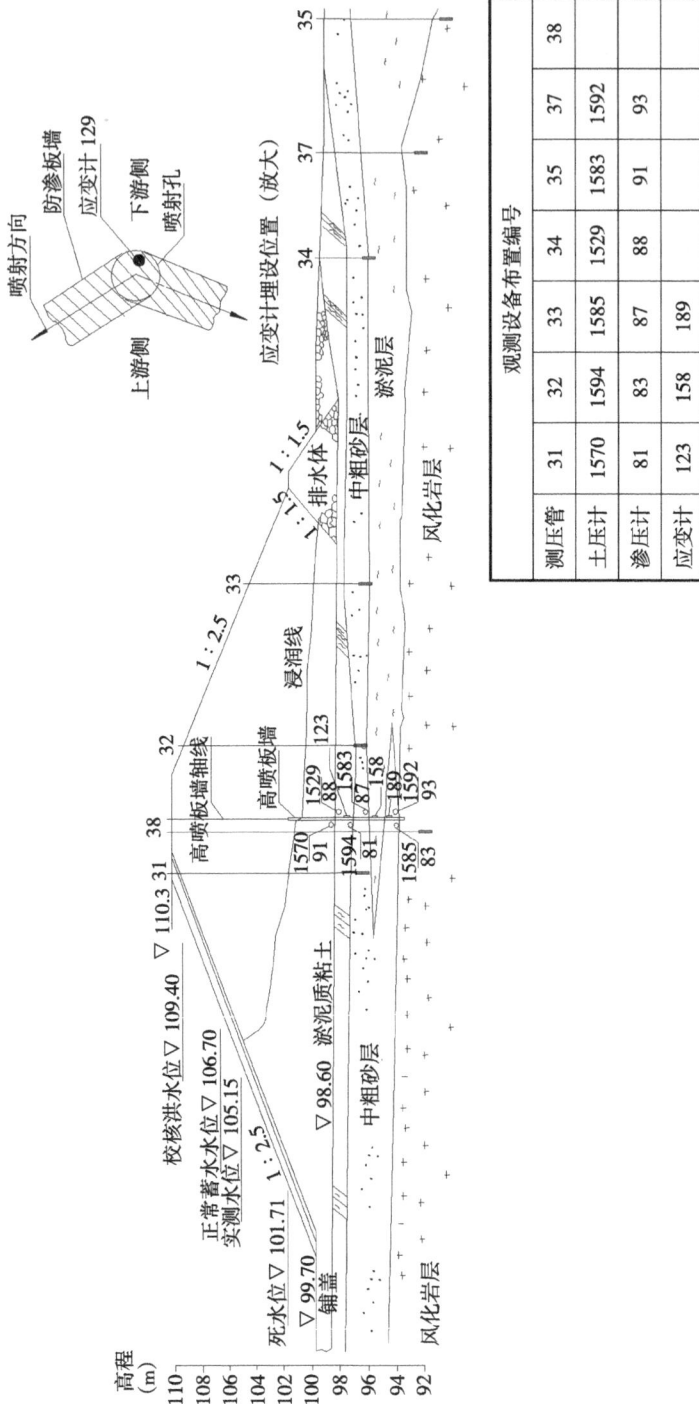

图 7-18 观测设备安装位置

观测设备布置编号								
	31	32	33	34	35	37	38
测压管							
土压计	1570	1594	1585	1529	1583	1592	
渗压计	81	83	87	88	91	93	
应变计	123	158	189				

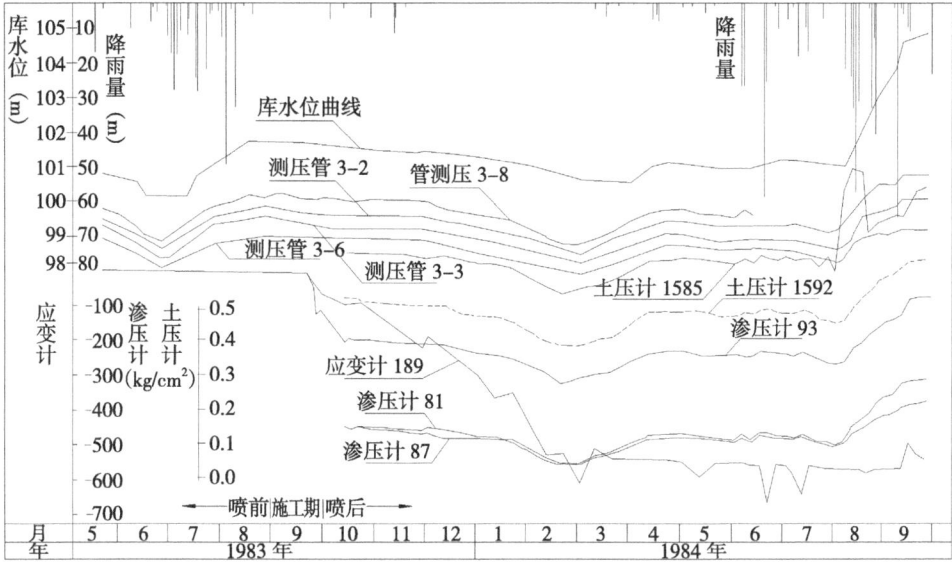

图 7-19 降雨、水位、应变、土压、渗压过程线

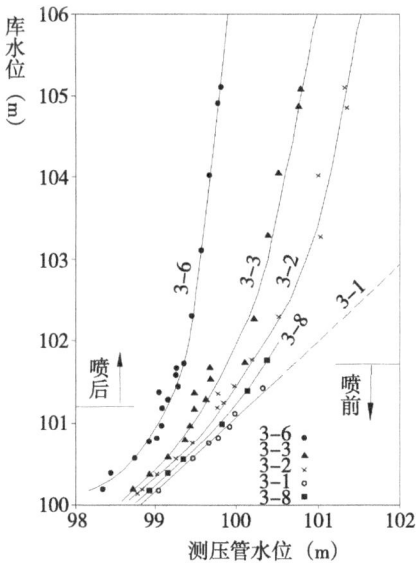

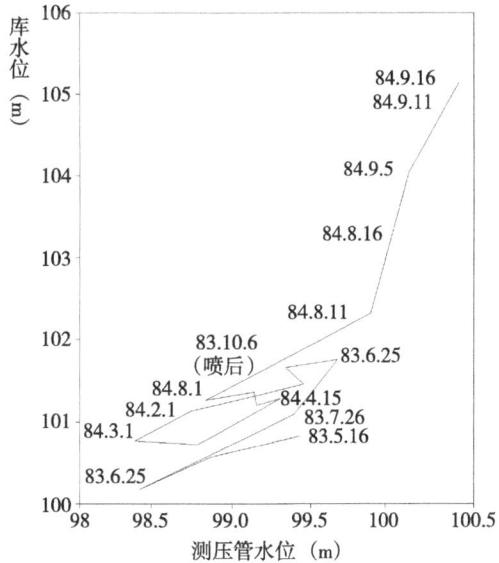

图 7-20 喷前、喷后测压管水位与库水位关系散点　图 7-21 3-3 号测压管与库水位关系过程线

7.7.3　渗透观测资料分析

在相关计算中，回归系数 b 值的大小说明测压管水位或渗压计压力随库水位而变化的速率。据此可以看出：

①喷射施工前防渗板墙尚未形成，各测压管 b 值变化在 0.704～1.011（表7-14），越接近上游面测压管 b 值越大，砂层和基岩测压管相当灵敏，库水位每升高 1m，管水位即升高 0.804～0.87m，这一现象不仅说明测压管本身的灵敏性、可靠性，也反映了测压管所在地层的透水性，这是与坝基地质条件相一致的。

②喷射施工后，新的防渗板墙形成，下游测压管 b 值降到 0.211～0.409，只有喷前的 30%～50%，反映在图 7-20 中曲线向纵坐标靠近，出现反转；在图 7-21 中 1983 年 8 月 25 日后出现反向套圈现象；而下游水位对管水位的影响明显增大（表 7-17，$3-2^\#$ 管的 C 值喷后大于喷前），相同库水位条件下 1984 年（喷后）较 1983 年（喷前）降低 0.27～0.60m，降低 19%～39%（表 7-19）；此外，板墙上游测压管值明显大于下游侧的 b 值（表 7-15）。所有这些都表明高喷防渗板墙大大改善了坝基渗流状况。

③位于防渗板墙上下游的渗压计压力出现了明显的差值，随着库水位的增高差值增大。在观测期最高库水位 105.15m，上下游水位差 5.52m 时，其差值增大到 0.938m（上部）、1.705m（中部）和 2.226m（下部），三者平均为 1.623m，防渗板墙的平均有效系数为 29.4%，同期板墙上下游水位差为 1.52m，与渗压计测值相接近（表 7-15、表 7-18），库水位增高，此值还将增大。

板墙压差呈上小下大之梯形分布，顶部有效系数较小，为 17%，这可能与顶部绕渗及板墙与坝体土壤之结合情况有关，而下部有效系数较大，为 40.3%，表明板墙与基岩顶部全风化层结合良好。

④现场直观检查。在观测期最高水位时，下游 30m 范围内已干涸，远处虽有渗水，但无渗透管涌现象，下游水位明显降低，防渗效果显著。

经单相关、复相关及位势计算与资料推延计算成果列于表 7-13～表7-19。

表 7-13 测压管位势表

时间	测压管编号						备注
	3-1	3-2	3-3	3-4	3-7	3-8	
喷前	47.54	32.67	30.06	7.87	31.92	38.69	3-7、3-8 为基岩管
喷后		30.09	19.03	5.90	32.08	37.98	

表 7-14 测压管水位与库水位相关关系计算成果表

部位		上游	下游				基岩	
测压管编号		3-1	3-2	3-3	3-4	3-5	3-7	3-8
喷前	常数项 a	−2.285	15.827	13.411	27.947	35.029	18.107	11.306
	回归系数 b	1.011	0.829	0.852	0.704	0.633	0.806	0.875
	相关系数 r	0.993	0.979	0.977	0.963	0.950	0.970	0.984
	均方差 s	0.049	0.089	0.095	0.100	0.106	0.099	0.078
喷后	常数项 a		58.345	68.201	77.838	84.326		
	回归系数 b		0.409	0.309	0.211	0.146		
	相关系数 r		0.972	0.097	0.0968	0.0952		
	均方差 s		0.152	0.121	0.079	0.072		

注：基岩管不分喷前喷后，回归方程：$y=a+bx$ x——库水位（m） y——测压管水位（m）。

表 7-15 渗压计压力与水库水位相关关系计算表

部位	上游上部	上游中部	上游下部	下游上部	下游中部	下游下部
渗压计编号	91	81	3-8	88	87	93
渗压计高程（m）	98.80	97.30	94.10	98.20	96.30	94.10
常数项 a	−4.8385	−4.3691	−5.3513	−3.6125	−2.6764	−3.7892
回归系数 b		0.04847	0.04458	0.03649	0.02782	0.04118
相关系数 r	0.9884	0.9881	0.9102	0.9712	0.9787	0.9770
渗压估值并换成水位（m）：						
校核洪水位（109.40）	103.439	102.386	103.762	101.992	99.968	101.264
实测最高水位（105.15）	101.379	100.491	101.740	100.441	98.786	99.514

注：回归方程：$y=a+bx$ x——库水位（m） y——渗压计压力（kg/cm^2）。

表 7-16　土压计压力与水库水位相关关系计算成果表

部位	上游上部	上游中部	上游下部	下游上部	下游中部	下游下部
土压计编号	1570	1594	1585	1579	1583	1592
土压计高程（m）	98.80	97.30	94.10	98.20	96.30	94.10
常数项 a	−3.8898	−5.4860	−4.082	−3.604	−3.602	−3.764
回归系数 b	0.0411	0.0557	0.0467	0.0374	0.0379	0.0421
相关系数 r	0.9802	0.9929	0.9817	0.9554	0.9694	0.9804
估值 y:						
校核洪水位（109.40）	0.6091	0.6057	1.0295	0.4824	0.5440	0.8414
实测最高水位（105.15）	0.4343	0.3691	0.8309	0.3237	0.3829	0.6625

表 7-17　复相关计算成果表

测压管编号	3-1		3-2		3-5	
时间	喷前	喷后	喷前	喷后	喷前	喷后
常数项 a	−12.833		2.656	−12594	66.491	82.809
偏回归系数 b	0.6616		0.2936	0.2753	0.3202	0.1582
偏相关系数 c	0.4632		0.6802	0.8524	0.0002	0.0001
复相关系数 rz	0.9974		0.9923	0.9797	0.7242	0.8336
均方差 sz	0.0299		0.0169	0.1164	0.2018	0.1714

回归方程：$Z=a+bx+cy$。

式中：Z——测压管水位（m）；

　　　x——水库水位（m）；

　　　y——在 3-6 管为降雨量累计值（≥100mm）。

在 3-1、3-2 管为下游水位 3-5 管之观测值。

表 7-18　水库高水位时测压管水位推算成果表

测压管编号	水库水位 (m)		喷前（m）		喷后（m）		备注
			水文法	位势法	水文法	位势法	
3-1	校核洪水位	109.40	105.94	105.243	同喷前	同喷前	
	实测最高水位	105.15	102.82	102.541	同喷前	同喷前	
3-2	校核洪水位	109.40	103.983	104.065	102.99	103.000	1. 水文法指参照金光炎及克里范基等有关用相关分析延长水文列的方法，用以与一般常用的位势法对比
	实测最高水位	105.15	101.736	101.801	101.31 (101.19)	101.311	
3-3	校核洪水位	109.40	103.894	101.859	101.961	101.987	
	实测最高水位	105.15	101.639	101.671	100.694 (100.64)	100.703	
3-4	校核洪水位	109.40	102.221	102.101	100.803	100.785	2. 基岩测压管不分喷前喷后
	实测最高水位	105.15	100.616	100.567	99.983 (100.04)	99.982	3.（）内为实测值
3-5	校核洪水位	109.40	101.477	同左	100.245	同左	4. 3-6 管为下游水位
	实测最高水位	105.15	100.176	同左	99.658 (99.63)	同左	
3-7	校核洪水位	109.40			103.951	103.176	
	实测最高水位	105.15			101.724	101.416	
3-8	校核洪水位	109.40			105.23	103.755	
	实测最高水位	105.15			102.41	101.764	

表 7-19　相同库水位时各测压管水位喷前、喷后对比表

时间 年、月、日	水库水位 (m)	测压管水位（m）				备注
		3-2	3-3	3-4	3-6	喷前、汛期水位上涨过程
1983.7.30	101.30	99.88	99.79	99.35	99.29	喷后、汛期水位上涨过程
1984.8.1	101.30	99.61	99.19	98.88	98.74	
喷后较喷前降低（m）		0.27	0.60	0.47	0.55	
降低率（%）		19.01	39.74	24.10	27.36	

7.7.4　板墙防渗能力分析

（1）渗透系数及水力坡降的计算

据渗压计资料，在库水位上升到 101.33m，或下降到 101.16m 时，板墙上下

游已形成明显水位差，并发现下游渗压计有 $10 \sim 30d$ 滞后现象。由此计算出板墙的渗透系数为 $3.71 \times 10^{-7} \sim 1.10 \times 10^{-6}$ cm/s（表 7–20），只有坝基砂层渗透系数（$1.72 \times 10^{-3} \sim 1.86 \times 10^{-2}$ cm/s）的万分之一，相应渗透坡降（板墙厚度 10cm）为 $9.97 \sim 10.49$，预测库水位达到校核洪水位时，板墙承受的水力坡降为 29.5，远小于固结体试验的破坏比降（800）。若按一般自凝灰浆的允许坡降 30 衡量，板墙的抗渗能力也是较强的。

（2）板墙伸入坝体的分析

根据板墙顶部上下游两支渗压计实测资料及相关分析成果，可以算出沿板墙与坝体黏土接触面上的渗透坡降在观测期最高水位时为 0.284，在校核洪水位时为 0.438，远小于黏土允许的接触冲刷坡降（一般为 $5 \sim 6$）。

（3）对坝基渗透变形分析

泡子沿水库坝基为双层结构地基，表 7–18 所列各测压管高水位推算成果，可计算坝基水平坡降和滤水坝趾以下段的出逸坡降，核算盖重的安全的情况，计算结果表明：在校核洪水位条件下，高喷前坝基水平坡降大于设计要求值 0.07，出逸坡降大于 0.8，安全系数小于 1.50，而经高喷后坝基水平坡降小于 0.07，盖重的安全系数提高到 1.90 以上。

（4）基岩渗透问题

由于高压喷射灌浆只能在全风化和第四纪松散土层中建造板墙，故泡子沿水库基岩测压管位势较高，喷前喷后没有变化，因此要彻底解决坝基渗漏，必须同时在基岩进行帷幕灌浆。

7.7.5 力学性观测结果分析

（1）荷载分析

作用在高喷防渗板墙的荷载，除上部坝体、自重外，主要的是水压力、土压力、浮托力。其中水压力和土压力是两项最主要的水平荷载，它与土层特性，墙体结构、刚度、水库水位、施工顺序以及运用情况因素有关，比较复杂很难精确计算。一般地下连续墙在进行水压和土压力计算采取简化的方法。认为作用在防渗墙上的土压力是上、下游两面的静止土压力之差，有些工程也采用按主动土压力计算水压力上下游两面静水压力之差，两者叠加即为墙体水平荷载。

泡子沿水库是一个已建工程，坝体和坝基早已固结完毕。在这种条件下进行高压喷射灌浆建造板墙防渗体，而墙体是一种塑性或弹性材料，虽然厚度较薄，但其弹性模量与坝体的弹性模量接近，具有一定的变形协调一致性，因此运行过程中不会发生断裂破坏。

①土压的影响。土压计测得的压力实际是渗透压力和有效土体压力之和，现摘出对应位置土压计和渗压计回归系数 b 值列入表 7-21 中，比较其大小即可看出土压随库水位上升而变化的趋势。在图 7-22 中，当 $b_\pm \leqslant b_\text{渗}$ 时，土压随库水位升高而减小，结合表 7-21 看出，上游侧上部和下部的土压有随库水位上升，浮托力增大而减小的趋势；下游侧上部和下部土压则基本处于稳定状态。唯中部砂层，上、下游土压均有随库水位上升而增大的趋势。但总的看来，在实测最高库水位 105.15m 以下，各测点的变幅是不大的。

根据土压计位置，计算库水位为 105.15m 时，上下游垂直土柱压力，并根据相应水位时实测相关土压力值求出静止土压力系数为 0.027~0.112，比一般取侧压系数 0.3~0.8 小很多（表 7-22）。

如果根据郎肯土压力理论，假定墙体系置于半无限单元中，墙面和土体无摩擦力（这一点与浆体未固结化前处于流态和塑态的情况相符），则可按下式计算主动土压力强度：

$$P_\text{a}=K_\text{a}rz=rztan^2\left(45°-\frac{\varphi}{2}\right)-2cot\left(45°-\frac{\varphi}{2}\right)$$

式中：P_a——主动土压力强度；

K_a——主动土压力系数；

r——土的容重；

z——土层厚度；

φ——土的内摩擦角；

C——土的内聚力；

取 $\varphi=26.6°$，$c=25kPa$，计算结果 $k_\text{a}=0.199~0.266$（表 7-22）比前者较接近实际。但实测值仍仅为计算值的 1/8~1/2，说明墙体受力很小，此种计算结果仍偏于安全的。

土压的分布，上游侧有点反常，下游侧规律性较好，基本呈上小下大的梯形分布。由于防渗板墙位于大坝轴线附近，其所承受的土压力基本平衡。因而上、下游压差数值很小，不到 10kPa，这对板墙的是非常有利的（图 7-23、图 7-24）。

②水压的影响。板墙上下游渗压分布上小下大的折线，与静压分布规律不同，上游侧比按上游水头计算的静压值小很多，下游侧与按下游水头计算的静压值接近，水荷载不是矩形而是梯形分布，这一情况表明：必须考虑板墙上、

下游的渗透损失，按静压简化计算显然是偏于安全的（图7-23、图7-24b）。

（2）板墙内力分析

应变计埋设位置在喷射孔下游侧（图7-18）。从所获得的资料中可以看到以下几个问题：

①从1983年9月18日到1984年2月11日，水库水位很低，变幅仅0.83m，但应变计却发生了急剧的变化，压应变由0增大到500×10^{-6}，这一现象不仅反映了墙体的变形，而且反映了地下墙体水泥膨润土浆材由流体变为固体的凝结固化过程，因为浆材固化前不可能使应变计产生任何反应，只有当浆体初凝以后（一般黏土水泥浆在10℃时约72h）才足以产生使应变计同步动作的必要强度。固化初期，墙体处于柔塑性状态，强度很低，在外力作用下，墙体以塑性变形为主，应变计能在外力不大的情况下，产生随着龄期的增长墙体刚度逐渐增大的效果，强度增大，在较小应变情况下即可承受较大的外力。由此可以做出判断，地下浆材近于完全固化的时间大约是170d，这一结论与一般黏土材料室内试验的强度和弹性模量的增长变化规律是完全一致的。

②从1984年2月11日至7月末，历时约170d，水库水位基本稳定，压应变值也基本稳定在520×10^{-6}左右，8月上旬至10月10日，库水位急剧上升4.0m，如前所述库水位增高荷载变化不大，应变计仍处于稳定状态，压应变值为540×10^{-6}，基本反映了墙体固化后的应力状态，该值远小于固结体的破坏应变值$5000 \times 10^{-6} \sim 10000 \times 10^{-6}$。

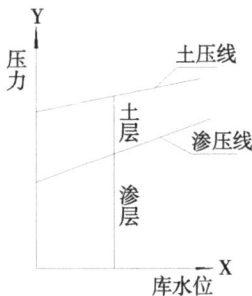

图7-22　土压、渗压趋势线

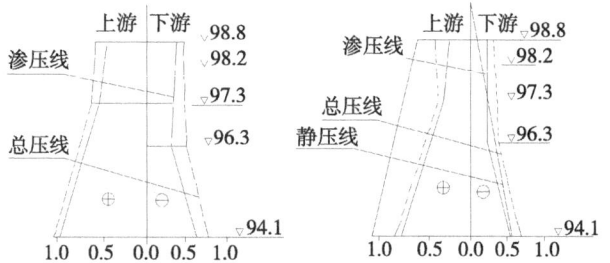

a：校核洪水位压力分布图　b：实测最高水位压力分布图

图7-23　压力分布

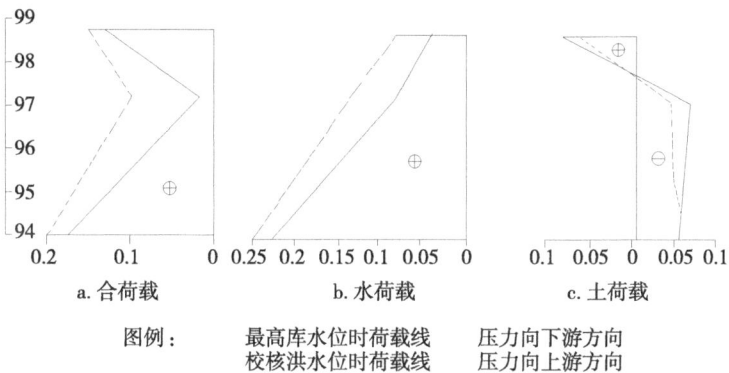

图例：　　　最高库水位时荷载线　　　压力向下游方向
　　　　　　校核洪水位时荷载线　　　压力向上游方向

图7-24　荷载分布

表7-20　按渗压计资料推算渗透系数

部位及编号	高程(m)	库水位		渗压计压力(kg/cm²)			水位差(m)	滞后天数(d)	水力坡降	渗透系数(cm/s)
		时间	高程	时间	压力	换算水位				
上游 81	97.3	4.21	101.33	4.21	0.1504	98.804	1.049	10	10.49	1.10×10^{-6}
下游 87	96.3	4.21	101.33	5.1	0.1455	97.755				
上游 81	97.3	4.21	101.33	4.21	0.1504	98.804	1.039	30	10.39	3.71×10^{-7}
下游 87	96.3	4.21	101.33	5.21	0.1465	97.765				
上游 81	97.3	6.1	101.16	6.1	0.1349	98.649	0.997	10	9.97	1.16×10^{-6}
下游 87	96.3	6.1	101.16	6.11	0.1352	97.652				

表7-21　土压随库水位升高而变化的趋势

所在部位	上游上部	上游中部	上游下部	下游上部	下游中部	下游下部
高程（m）	98.80	97.30	94.10	98.20	96.30	94.10
土压计编号	1570	1594	1585	1579	1583	1592
渗压计编号	91	81	3–8	88	87	93
土压计回归系数 $b_土$	0.0411	0.0550	0.0467	0.0374	0.0379	0.0421
渗压计回归系数 $b_渗$	0.0485	0.0446	0.0586	0.0365	0.0278	0.0278
土压变化范围	0.17 ~ 0.21	0.006 ~ 0.05	0.055 ~ 0.08	0.044 ~ 0.12	0.086 ~ 0.139	0.107 ~ 0.0131
平均土压（kg/cm²）	0.1996	0.0198	0.0669	0.0970	0.1051	0.1184

表 7-22　土的侧压力系数

部位	上游			下游			备注
高程（m）	98.80	97.30	94.10	98.20	96.30	94.10	
土压计压力	0.4457	0.3677	0.8471	0.3253	0.3778	0.5565	1. 库水位：105.15m（实测值） 2. 土压力单位：kg/cm²
渗压计压力	0.2507	0.3176	0.7640	0.2237	0.2518	0.5565	
土压力	0.189	0.0501	0.0831	0.1016	0.126	0.1074	
垂直土柱压力	1.689	1.842	2.166	2.271	2.463	2.686	
实测土压力系数	0.1119	0.0272	0.0384	0.0447	0.0511	0.0400	
计算土压力系数	0.1986	0.2137	0.2388	0.2454	0.2560	0.2664	

7.7.6　总结

应用高压定向喷射灌浆技术在第四纪土、砂地层中建造板墙式防渗体，通过现场观测分析，对板墙防渗性能及受力状态有了进一步认识，总结如下：

（1）防渗效果显著，墙体厚度虽然很薄，但明显地改善了坝基的渗流状况，消减了 29.4% 的水头，消除了下游渗透管涌现象。

（2）防渗板墙有足够的抗渗能力，实测渗透系数为 $3.71 \times 10^{-7} \sim 1.10 \times 10^{-6}$ cm/s，仅为原砂层的万分之一，校核洪水位时板墙承受的最大水力坡降远小于其允许坡降，板墙与基岩表面全风化层结合良好，顶部与坝体连接部分有效水力坡降小于允许值。

（3）渗压计和土压计观测资料表明：板墙下游侧土压基本稳定，上游侧土压有随库水位上升而减小的趋势，但变幅很小，按主动土压力公式计算的土的侧压系数虽较静态土压计算法更接近实测值，但仍是偏于安全的。板墙位于坝轴线附近，两侧土的压力差很小，有利于改善板墙的受力状况。水压分布不符合静压分布规律，上游侧比静压小得多，应结合具体地质条件、坝体及地下轮廓考虑渗透损失等因素进行计算为宜。

（4）应变计资料表明：水泥膨润土浆材在地下的凝固化时间长达 170d，墙体弹性模量很低，实测应变值远小于破坏应变值。

7.8　其他应用

7.8.1　处理基岩层间软弱带应用

铜街子电站坝基为玄武岩，其坝轴线斜交一薄层层间错动带。该带层厚一般为 1.0m，最薄仅 4cm，倾角 6°～8°，走向为 N290°～N310°。错动带内岩性为断层泥、摩棱岩、角砾岩等。为防止筑坝后坝基产生层间错动，决定采用高喷冲洗并灌注浆液的施工技术。经处理后由下述 3 点检查评价其处理效果：①在直径 1.0m 大口径开挖的竖井中直观检查，可见层间冲洗干净，浆液充填良好。②取样测试弹性模量 E 值提高，达 125.0～815.0MPa。③弹性波提高，波速 P 值增大达 2500～4390m/s。可见这种处理方法是成功的。

辽宁某水库原坝基混凝土防渗样底部与基岩结合不好，经钻探检查有厚 0.2～0.8m 的砂砾石层。分析该层为浇筑混凝土防渗墙时槽底沉淀黏土浆及碎石等冲洗不净所致。经研究采用墙体钻孔，由高喷冲洗黏土、碎石，然后灌注水泥浆的处理方法，试验结果是成功的。上海某闸，经勘探闸底板以下混凝土回填层和部分基土遭冲刷，洞穴中填充污泥、混凝土碎块、箩筐等垃圾物。采用高喷技术，水气联合喷射，清除闸底板下污物后，置换充填中、粗砂加固闸基础。

7.8.2　基坑护坡、护壁应用

（1）抚顺石油二厂供水竖井开拓工程中，对净直径 8.0m、深 8.15m 的井筒周围采用了内圈旋喷桩抗压、外圈定喷防渗的双层帷幕。一周后开挖，固结体弹性波速 P 为 2237m/s，抗压强度 R 为 14.5MPa，防渗效果良好。

（2）珠江隧道是广州城市建设的重点工程。该工程黄沙岸二期工程基坑开挖所采用的防渗措施，即为高压定喷墙板。该施工地区位置紧靠珠江岸边，防渗墙挡水水头平均达 15.6m。最高潮位 6.64m，基坑平均开挖高程 −8.96m 经防渗墙截潜，基坑开挖后，仅用排量 60m³/h 的水泵间断抽水，即可满足基坑排水要求。

（3）广东水电机械施工公司在施工现场加固桩基础的实地模拟试验，是采用摆喷在两根钢筋混凝土钻孔桩旁向钻孔桩喷射，固结后"经开挖观察，喷射形成扇形墙体，能控制方向包裹有缺陷的桩体，喷射墙与混凝土桩结合牢固"，同时增强了原基础的承载能力。

（4）国外资料报道，在软弱岩层和土壤中开挖隧洞时，用旋喷桩做临时支护体，并根据洞顶到地面的距离，分别采用垂直、水平两种支护方法。支护体强度可达到 20~70MPa。意大利雪格帕尔－马斯运输系统隧洞（圆断面，内径 6.0m）等 5 处以上的隧洞施工，均采用了这种方法。

以上介绍仅为高喷灌浆众多工程中几种有代表性的实例，供应用时参考。

8　双管高压喷射灌浆技术

多年的施工实践证明，三管法高喷灌浆技术还有许多不完善及需要继续改进的地方，如返浆中水泥含量过高，为进浆量的 20% ~ 30%，多数弃掉，造成浪费，并污染环境。形成板、桩强度低，不能满足地基处理强度要求。三管法灌浆主要存在的问题概括为以下几点：

（1）三管法高喷灌浆过程中，高压水射流在切割土体同时，对灌注浆液形成稀释作用，使固结体的凝结时间变长，强度降低。这对于那些需要在短时间内大幅度提高桩（墙）强度的工程，难于满足要求。

（2）在高压水射流切割掺搅土体过程中，由于气流的升扬置换作用，大量浆液排出地面。既不利于节省材料、降低成本，又造成废浆污染环境，对那些需要清理废浆工程又需额外增加不少费用。

（3）三管法设备复杂，而且配套设备数量较多，致使其进、退场搬迁困难，在狭窄场地条件下施工难以机动地随着处理部位及时转移。

在这种背景下，一种节省材料、价格低廉、对环境污染较小的双管高喷灌浆技术（又称二管高喷灌浆技术）在国内兴起，他几乎解决三管法高喷灌浆所有技术难题。并已在国内多处工程使用。双管高喷灌浆工艺原理：就是利用工程钻机造孔，将带有喷嘴的双重灌浆管下到预定设计深度，采用高压泥浆泵装置，将高压泥浆细射流从喷嘴中喷射出来，为减少泥浆射流喷射阻力，水泥浆外裹同轴压缩气同时从环状喷嘴喷射出来，形成双管喷射同轴高压浆气射流，冲击破坏土体。当能量大、速度快和呈脉动状的喷射流的动压超过土体结构强度时，土粒便从土体剥落下来。一部分细小的土粒随着浆液返出地面，其余的土粒在射流作用下与水泥浆液掺搅混合，胶结凝固，在土中形成一定形状固结体。两种灌浆法比较。

（1）三管法

是利用高压水、气同轴喷射流，冲切破坏土体，再注入低压泥浆进行充填，经掺搅混合、升扬置换作用，形成固结体。

（2）双管法

即采用高压泥浆泵装置，将单一介质的水泥浆外裹同轴压缩气从喷嘴喷射出去，冲击破坏土体，同时借助灌浆管的提升或旋转，使浆液与塌落下来的土掺搅混合，经过一段时间的凝固，在土中形成固结体。

从中看出双管法灌浆，克服了三管法灌浆主要缺陷。它的单一介质泥浆射流切割搅拌土体技术十分有利于提高固结体强度，喷射的排量小且能够控制孔口返浆有利于降低成本、减少污染。在机具设备方面，目前国产新一代高压泥浆泵的工作压力达到 50~70MPa，甚至更高。具有既能泵送清水又能泵送高密度泥浆功能，泵体结构采用新型耐磨材料，其使用寿命已大幅度提高，且价格也大幅下降。这些优点为普及双管高喷灌浆技术创造有利的条件。双管高喷灌浆形成连续桩墙见图8-1。

图8-1 双管喷射形成旋喷桩连续墙

8.1 双管高喷灌浆机具

使用高压泥浆细射流在地下建造连续墙或旋喷桩施工所需机具和设备，主要包括：实现高压泥浆射流的浆系统，提供低压气的气系统，配制、灌注、回收浆液的浆材系统，以及造孔、喷射、提升、控制等系统。其中供气、制浆、喷射提升及造孔与三管法设备通用，不同的仅为送液器、灌浆管及喷头等，也是在三管法机具简化改装而成，将三重管机具改装成双重管机具主要如下。

8.1.1 双管送液器

送液器是双重管与浆、气胶管连接的部件。它安装在双重管上部，可分为旋转式、定向式两种。旋转式送液器用于旋转喷射，定向式送液器用于定向或摆动喷射。

旋转式送液器是由外壳及芯管两部分组成。外壳上有两个可拆式卡口，分别与输送高压泥浆、低压气的胶管连接。喷射作业时，外壳不旋转。芯管是内、外双管的焊接件，浆、气介质从芯管的两个端口进入双重管。芯管的底部结构与双重管相同，可与双重管连接并随之旋转。

定向式送液器为圆柱形，直径 90mm，长 356mm，由内、外双管同心焊接组成。外管为气通道，与气快速接头相连；内管为高压泥浆通道，与浆快速接头相连。浆、气快速接头分别与浆、气胶管连接。外管下端与双重灌浆管螺纹连接。外管两侧焊接螺母，螺钉穿过螺母及外管锁紧双重灌浆管。浆管、气管下端齐平，设有套装 O 形胶圈与双重灌浆管密封。浆管内壁所形成的浆通道与气管、浆管形成的环形气通道彼此密封。定向送液器结构如图 8-2 所示。

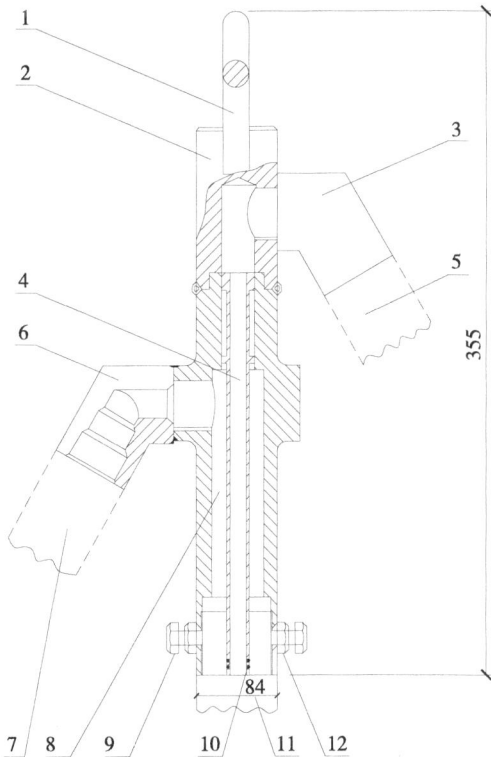

1.吊环　2.浆套筒　3.浆接头　4.浆通道　5.浆快速接头　6.气接头　7.气快速接头　8.气通道
9.外紧丝　10.双密封　11.双管接头　12.内紧丝

图 8-2　双重管定向送液器结构（mm）

施工时，输浆胶管及输气胶管分别与浆快速接头及气快速接头插接并连通高压泥浆泵及空压机；下端装有喷射器的双重灌浆管与气管螺纹连接，并以螺钉锁紧。与此同时，双重灌浆管内的浆通道自动套接并与O形胶圈密封。起重机通过吊环将灌浆管吊入灌浆的设计深度，即可进行高喷灌浆作业。

定向送液器结构合理，加工制造简单，施工操作便捷，浆管和气管的中心线为同轴，浆接头与浆管流道，气接头与气管流道既单独畅通，又互为密封，通道内介质能量损失少。喷射灌浆时气射流包裹内部浆射流，使浆射流切割地层时能量衰减慢，喷射距离长，有助于形成较大的旋喷桩[46]。

8.1.2　双重管

双重管是将不同直径的两根无缝钢管，同一轴线组焊成一体，断面呈同心圆形。外管壁焊有条形导向滑轨，下管时固定在灌浆机转盘导向槽内，滑轨宽度30mm。内、外管分别输送浆、气，上部与送液器相连，下部与喷头相连，其连接形式内管为承插式接头，外管为螺纹连接形式。由于采用内管为承插式接头，双重管流道平滑畅通，压力损失少，其结构如图8-3所示。在拆装外管时，内管、外管被同时拆装。它重量轻、接换方便、迅速、既可旋喷又可摆喷、定喷、适应性强，这对于提高工效、保证质量、降低劳动强度等极为有利。

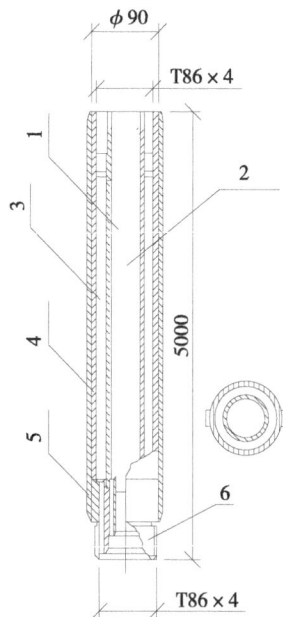

1.内管　2.浆通道　3.气通道　4.外管　5.导轨　6.双管接头
图8-3　双重管结构示意图（mm）

　　双重管标准长度为5.0m，非标准长度为0.5～3.0m，便于加工、施工及运输。摆喷作业时，在双重管接头处，增设固定键，防止退扣。

8.1.3　双管喷头

　　喷头又称喷射器，是安装在双重管下端，向土体中喷射浆、气的部件，其侧面装有喷嘴。最常见双侧180°喷头结构形式如图8-4所示，包括喷头接头、浆管、气管、锥头、喷浆嘴、喷气嘴。喷头接头设有中心孔，中心孔外围布设纵向通孔，气管内套装浆管，气管和浆管上端分别焊接在喷头接头的外壁上和中心孔壁上，浆管内形成浆通道，浆管与气管之间形成气通道。气管下端与气管短节上端螺纹连接，气管短节下端与锥头焊接，浆管下端螺纹连接丝堵，并用密封圈密封。浆通道与气通道相互密封。浆管上焊接有与浆通道贯通的浆嘴连接螺母，气管上焊接有与气管通道贯通的喷气嘴连接螺母，喷浆嘴螺纹连接在喷浆嘴连接螺母上，用密封圈密封，喷气嘴螺纹连接在喷气嘴连接螺母上，用密封圈密封。喷气嘴与喷浆嘴套装之间形成环形喷气空间。喷头接头与灌浆管螺纹连接，其中心孔和纵向通孔分别与灌浆管的输浆管和输气管连通。浆管下端螺纹连接带有利于拆卸的四方丝堵。

　　喷浆嘴与喷气嘴的中心线为同一个中心线，并与浆管和气管的纵向中心线垂直。喷头锥头上焊有合金块，使喷头兼备钻孔功能[47]。

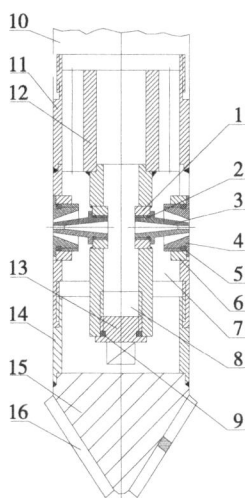

1.连接螺母　2.气密封　3.浆喷嘴　4.气喷嘴　5.密封圈　6.气嘴连接螺母　7.气通道　8.浆通道
9.密封圈　10.喷射器接头　11.气管　12.浆管　13.丝堵　14.气管短接　15.锥头　16.合金块

图8-4　双重管喷头结构示意图（D型双侧180°）

在工程实际应用中，为使喷浆向下切割，研制的喷嘴下倾 15° 喷射器 [48]，其结构形式见图 8-5 所示。通过钻孔取芯验证，达到比平嘴喷射器使高喷防渗墙与基岩更有效搭接目的。

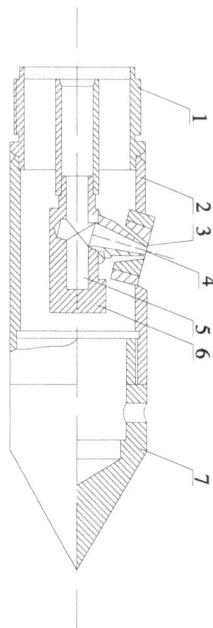

1. 连接丝头　2. 气管　3. 气喷嘴　4. 浆喷嘴　5. 浆管　6. 丝堵　7. 锥头

图 8-5　单侧下倾 15° 喷头（喷射器）结构示意图

8.1.4　中控台

在国内大部分高喷灌浆工程中，通常是高压泥浆泵及空压机通过足够长的胶管直接与灌浆孔中的灌浆管相连，然而在施工中设备只能分区段转移，而不可能随灌浆孔位随时搬迁，致使设备远离灌浆孔，而且时有地面障碍物的遮拦，不便进行二者的协调，若遇到管路或灌浆孔临时故障还需频繁停、启动大功率设备，一般高压泥浆泵及空压机的容量为 120～130kW，从而造成较大的电能损耗。再者灌浆过程中需要即时对灌浆压力、流量的参数进行控制。在这种背景下，研制成双重管高喷灌浆控制台。

双重管高喷灌浆控制台，是双管高喷灌浆控制系统核心，它的作用是即时监测灌浆管路压力，机动地向灌浆孔输送或停供高压泥浆及低压气，并对灌浆压力、流量做及时调整。双管灌浆控制台结构见图 8-6。

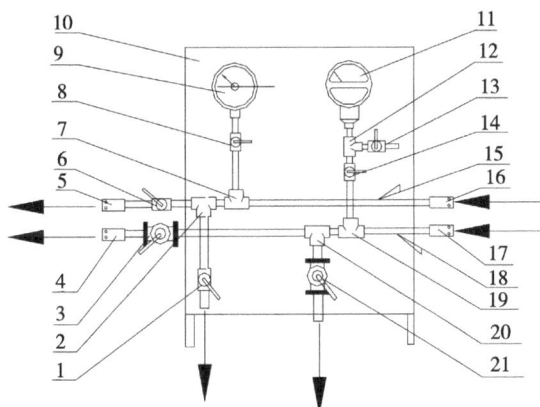

1. 泄气阀　2. 第二气管三通　3. 高压泥浆阀　4. 出浆快速接头　5. 出气快速接头　6. 球阀　7. 第一气管三通　8. 通表球阀　9. 气压表　10. 控制台支架　11. 浆压表　12. 浆三通　13. 高压泥浆阀14. 通表球阀　15. 气通道　16. 进气快速接头　17. 进浆快速接头　18. 浆通道　19. 第一浆管三通20. 第一气管三通　21. 泄浆阀

图 8-6　双管灌浆控制台结构

　　双重管高喷灌浆控制台，包括高压泥浆管道、气管道、浆压力表、气压力表、控制台支架及连接管件。高压泥浆管道由输浆管将进浆快速接头、第一浆管三通、第二浆管三通、高压泥浆阀、高压泄浆阀和出浆快速接头连接在一起构成。气管道由输气管将进气快速接头、第一气管三通、第二气管三通、泄气阀、球阀、出气快速接头连接在一起构成。高压浆管道和气管道固定在控制台支架上，使用时将本控制台设在灌浆设备与灌浆管之间，进浆快速接头和出浆快速接头分别用胶管连接高压泥浆泵和浆管。进气快速接头和出气快速接头分别用胶管连接在空压机和气管上。

　　该控制台具有监测管路压力，机动向灌浆孔输送或停供高压浆及低压气体，及时处理故障，避免设备频繁启动等特点。高喷灌浆的水、气、浆压力和流量，源头由高压水泵、空压机和泥浆泵控制，由软胶管输送至灌浆管顶端送液器，因过程较长产生压力损失难免，致使喷嘴出口压力与泵的源头压力差别较大，难于满足设计灌浆参数要求，影响地下喷射成墙或桩质量。为解决这一问题，在接近送液器位置的灌浆管路上设置中心控制台，安装压力表及流量仪，以测定临近喷嘴位置的压力和流量。随着监测仪器的发展，灌浆的压力、流量的参数已转化电子信号，由微机自动监测控制[49]。

　　但在一些小型工程中心控制台，以其安装方便，观测直观，运用过程中管路不易堵塞特点仍在使用。尤其在监测二、三管喷射施工中压力方面，可以安装简易控制台，即于水、气、浆管路上，串联一个有多路阀门及压力表的控制台，专门控制压力。其作用：①可以调整施工喷射参数；②可以紧急处理和控制孔内或管路等部位发生的事故；③可以统一指挥多台设备联合作业。在管路上安装此装置，是确保施工质量的关键措施之一。

8.2　双管灌浆和三管灌浆对比试验

8.2.1　试验地层

双管喷射泥浆射流和三管喷射水射流在流道中受到的阻力相差较大。同样喷射压力，在相同形式喷嘴和地层条件下，形成喷射长度、桩径及固结体水泥含量不同。为对比两种灌浆产生的差异，辽宁省水利水电科学院技术人员使用两种不同机具在粉土、砂土及砂砾石地层，分别对高压泥浆射流和高压水射流进行定喷、摆喷和旋喷成墙成桩试验。通过开挖检查，取样室内试验、试孔注水检测等方法取得试验结果，并进行对比分析。各地层颗粒组成分别如表 8-1～表 8-3 所示。

表 8-1　粉土层物理力学性质指标统计

试验指标	天然容重 γ (g/cm³)	天然含水量 ω (%)	孔隙比 e	塑性指数 I_p	液性指数 I_L	压缩模量 Es (MPa)	黏聚力 C_c(kPa)	内摩擦角 ϕ_c (°)	临界坡降 IC	岩性（定名）
数值	1.95	13.3	0.7	5.6	0.3	7.9	6.0	23	1.0	粉土

表 8-2　粗砂地层颗粒组成级配

粒径 (mm)	> 100	100～20	20～10	10～5	5～1.0	2.5～0.5	1.0～0.5	< 0.5	定名
%	51.9	15	1.1	4.9	6.2	10.3	2.0	8.5	粗砂

表 8-3　砂砾石地层颗粒组成级配

粒径 (mm)	150～80	80～40	40～20	20～5	< 5	定名
%	17.3	22.5	18.3	10.5	31.5	砂砾石

8.2.2　试验方案

（1）分两种形式灌浆：双管高喷灌浆、三管高喷灌浆。

(2) 每种灌浆形式各进行定喷、摆喷和旋喷试验。在每种地层中定喷、摆喷和旋喷试验孔分别设置2个。

(3) 灌浆参数的选择：大量的施工实践证明，能够影响高喷灌浆固结体尺寸大小的，主要是喷射压力和灌浆管的提升速度。其他众多参数一般起辅助作用。为此设计灌浆试验参数采取简化模式，即双管高喷灌浆与三管高喷灌浆采用完全相同的参数。其主要参数喷射压力为30MPa，提升速度为10cm/min，其他参数如表8–4。在同样参数条件下进行两种灌浆试验。

表8-4　两种灌浆参数组合

双管高喷灌浆（浆液水灰比1：1）					三管高喷灌浆（浆液水灰比1：1）						
简称	高压泥浆		压缩气		简称	高压水		压缩气		低压浆	
双管	压力（MPa）	流量（L/min）	压力（MPa）	流量（m^3/min）	三管	压力（MPa）	流量（L/min）	压力（MPa）	流量（m^3/min）	压力（MPa）	流量（L/min）
	30	65	0.6	1.2		30	75	0.6	1.2	0.5	65
	提升速度（cm/min）		摆速	旋速		提升速度（cm/min）		摆速	旋速		
	10		8	8		10		8	8		

8.2.3　两种高喷灌浆试验结果

龄期28d后开挖取样试验。试验结果如表8–5所示。为便于对两种灌浆结果进行比较，以柱状图形式分地层，对定喷、摆喷及旋喷形成固结体的耗用水泥用量、固结体长度（桩径）及强度进行比较。

表8-5　双管高喷灌浆和三管高喷灌浆试验结果

地层	指标	双管			三管			备注
		定喷	摆喷	旋喷	定喷	摆喷	旋喷	
粉土	水泥用量（kg/m）	250	300	410	370	440	580	
	桩径、长度（cm）	141	124	95	194	177	104	
	强度（MPa）	2.35	2.26	2.45	0.95	0.76	0.70	
	渗透系数（cm/s）	3×10^{-7}	9×10^{-7}	4×10^{-7}	2×10^{-6}	3×10^{-6}	7×10^{-5}	
	废浆排量（L/min）	28	24	32	41	40	45	

地层	指标	双管			三管			备注
		定喷	摆喷	旋喷	定喷	摆喷	旋喷	
砂层	水泥用量 (kg/m)	300	350	460	440	520	690	
	桩径、长度 (cm)	155	136	105	215	184	124	
	强度 (MPa)	7.40	7.28	7.20	2.16	2.05	1.81	
	渗透系数 (cm/s)	5×10^{-7}	9×10^{-7}	2×10^{-6}	3×10^{-6}	2×10^{-5}	6×10^{-5}	
	废浆排量 (L/min)	20	26	29	37	32	40	
砂砾石	水泥用量 (kg/m)	320	380	520	480	560	790	
	桩径、长度 (cm)	117	126	100	162	150	115	
	强度 (MPa)	10.66	11.13	12.44	2.64	2.73	2.54	
	渗透系数 (cm/s)	8×10^{-7}	6×10^{-6}	6×10^{-6}	3×10^{-5}	4×10^{-5}	5×10^{-5}	
	废浆排量 (L/min)	20	17	25	35	37	35	

8.2.3.1 粉土地层试验结果比较

（1）粉土地层中水泥用量比较（图8-7）。

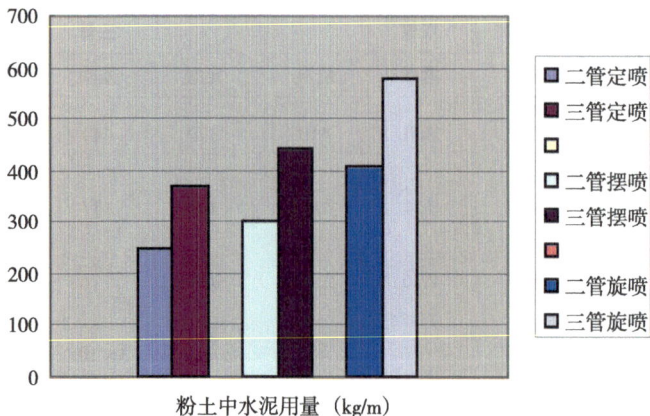

粉土中水泥用量（kg/m）

图 8-7 粉土地层水泥用量对比

（2）粉土地层中喷射长度、旋喷桩径比较（图 8-8）。

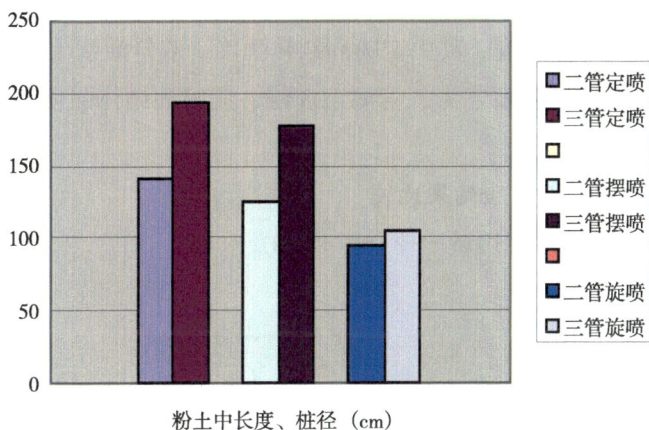

图 8-8 粉土地层喷射长度、桩径对比

（3）粉土地层中强度比较（图 8-9）。

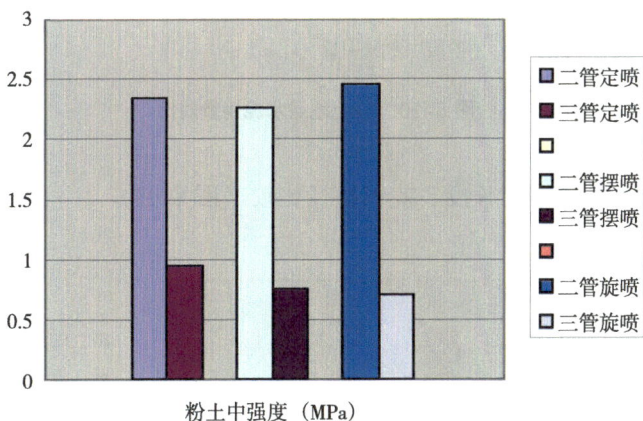

图 8-9 粉土地层强度对比

结论：

（1）在粉土地层中，无论定喷、摆喷和旋喷双管灌浆水泥用量要比三管灌浆水泥用量低，减少 29% ~ 32%。

（2）在粉土地层中，无论定喷、摆喷和旋喷双管灌浆形成固结体长度或桩径要比三管灌浆形成固结体长度或桩径小，其中定喷和摆喷长度减少明显，减少约 0.5m。旋喷桩径减少 0.09m。

（3）在粉土地层中，无论定喷、摆喷和旋喷双管灌浆形成固结体强度要大于三管灌浆形成固结体强度。其中定喷固结体强度，双管灌浆为三管灌浆 2.5 倍；摆喷固结体强度，双管灌浆为三管灌浆 3 倍；旋喷固结体强度，双管灌浆为三管灌浆 3.5 倍。

8.2.3.2　砂土地层试验结果比较

（1）砂土地层中水泥用量比较（图 8-10）。

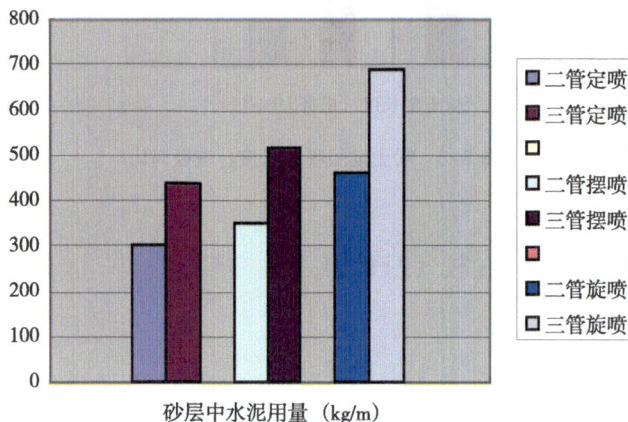

图 8-10　砂土地层水泥用量对比

（2）砂土地层中喷射长度、旋喷桩径比较（图 8-11）。

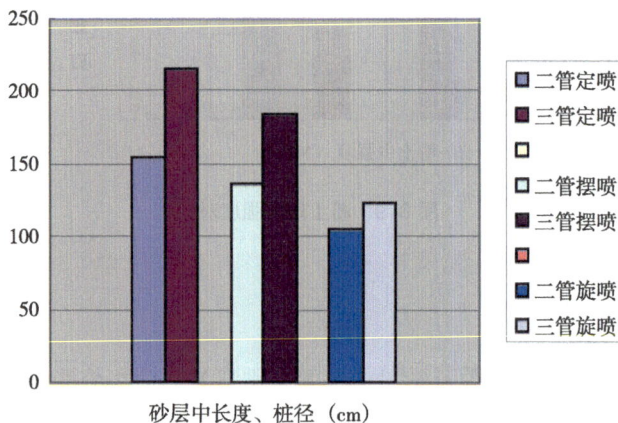

图 8-11　砂土地层中喷射长度、桩径对比

（3）砂土地层中固结体强度比较（图8-12）。

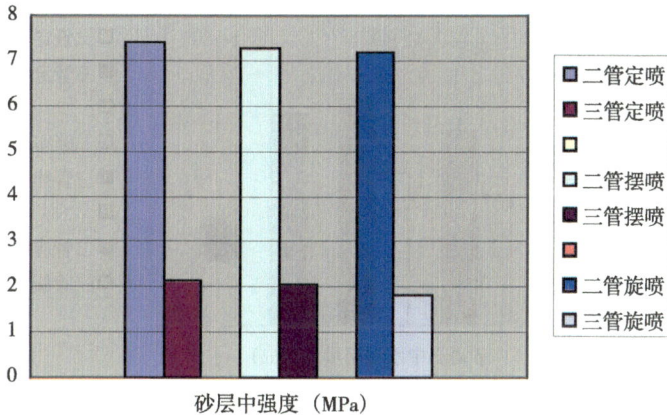

图8-12　砂土地层强度对比

结论：

（1）在砂土地层中，无论定喷、摆喷和旋喷双管灌浆水泥用量要比三管灌浆水泥用量低，减少32%～33%。

（2）在砂土地层中，无论定喷、摆喷和旋喷双管灌浆形成固结体长度或桩径要比三管灌浆形成固结体长度或桩径小，其中定喷和摆喷长度减少明显，定喷减少0.48m～0.60m，旋喷桩径减少0.19m。

（3）在砂土地层中，无论定喷、摆喷和旋喷双管灌浆形成固结体强度要大于三管灌浆形成固结体强度。其中定喷固结体强度，双管灌浆为三管灌浆3.4倍；摆喷固结体强度，双管灌浆为三管灌浆3.6倍；旋喷固结体强度，双管灌浆为三管灌浆4倍。

8.2.3.3　砂砾石地层试验结果比较

（1）砂砾石地层中水泥用量比较（图8-13）。

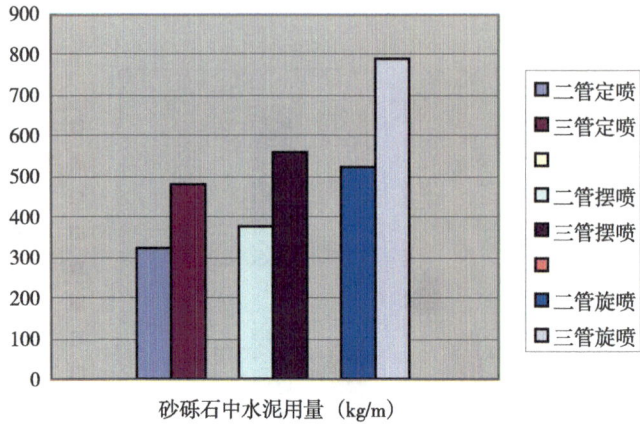

图 8-13　砂砾石地层水泥用量对比

（2）砂砾石地层中喷射长度、旋喷桩径比较（图 8-14）。

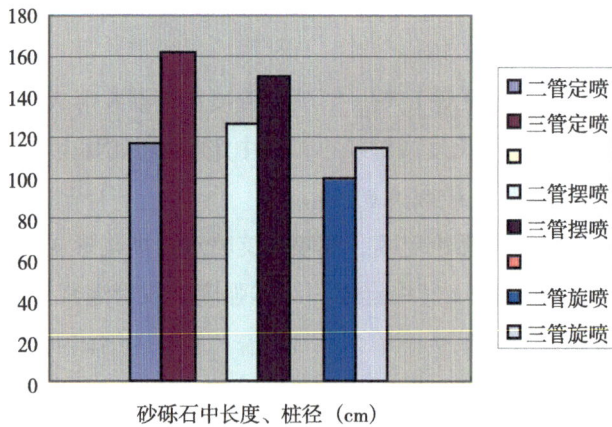

图 8-14　砂砾石地层喷射长度、桩径对比

（3）砂砾石地层中固结体强度比较（图 8-15）。

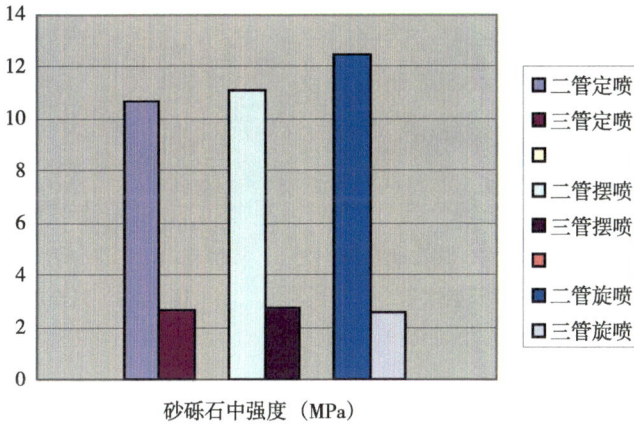

图 8-15 砂砾石地层固结体强度对比

结论：

（1）在砂砾石地层中，无论定喷、摆喷和旋喷双管灌浆水泥用量要比三管灌浆水泥用量低，减少 32% ~ 34%。

（2）在砂砾石地层中，无论定喷、摆喷和旋喷双管灌浆形成固结体长度或桩径要比三管灌浆形成固结体长度或桩径小，其中定喷和摆喷长度减少明显，分别减少 0.45m 和 0.24m。旋喷桩径减少 0.15m。

（3）在砂砾石地层中，无论定喷、摆喷和旋喷双管灌浆形成固结体强度要大于三管灌浆形成固结体强度。其中定喷固结体强度，双管灌浆为三管灌浆 4 倍；摆喷固结体强度，双管灌浆为三管灌浆 4.1 倍；旋喷固结体强度，双管灌浆为三管灌浆 4.9 倍。

8.2.4　两种灌浆试验开挖图片对比

对三管高喷与双管高喷固结体试验开挖图片对比如下（图 8-16 ~ 图 8-27）：

图 8-16　三管定喷单元墙体

图 8-17　双管定喷单元墙

图 8-18　三管定喷折线墙体

图 8-19　双管定喷折线墙体

图 8-20　三管摆喷墙体

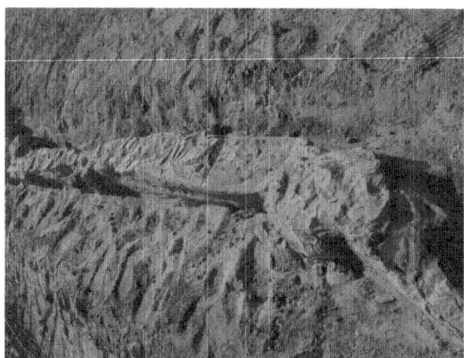

图 8-21　双管摆喷墙体

图 8-22　三管旋喷桩立体

图 8-23　双管旋喷桩

图 8-24　三管旋喷桩套接

图 8-25　双管旋喷桩套接

图 8-26　现场注水试验

图 8-27　对墙体破坏（双管）

8.2.5 双管灌浆水泥用量

高喷灌浆时，一部分浆液与地层土搅混进入地层，另一部分浆液将由孔壁流出地面。浆液控制的主要目的是在保证浆液流量的前提下，使用最优的浆液水灰比，尽量减少或降低返浆量。对此通过现场浆材试验和实际工程运用得出结论为：

（1）在保证高喷灌浆防渗工程的质量前提下，并未显示水泥用量愈多，取得愈好的防渗效果。完全有理由相信提高防渗效果，并不是靠增加水泥用量，而是主要决定于正确选择设计与施工工艺参数，认真操作，精心施工，不着眼于这些方面，而光注意增加水泥用量，则徒然增加工程造价，造成浪费。

（2）双管高喷灌浆合适的水灰比应该是 1:1 左右。对于强度要求高的工程可以适当减小水灰比（如 0.8:1）；对于强度要求不高，主要起防渗作用的工程可用一定比例的水泥黏土浆，以降低工程造价。试验表明水泥黏土浆的配比应在 1:1:1.4 ~ 1:1:1.8（水泥:黏土:水）区间较为适宜。

（3）对于返出地面的浆液，经过沉浆池沉砂，可以再回收利用。

（4）在设计时，根据不同的地层、要求达到的强度及采用的喷射方式（如旋、定、摆）等条件考虑单位水泥用量。一般砂层单位水泥用量为 300 ~ 400kg/m 已经足够。施工时除回浆利用，还应考虑加入掺和料，合理选择提升速度等方法，以减少损耗，降低水泥用量。

8.2.6 试验结果分析

（1）在高喷灌浆中，无论使用双管高喷灌浆还是三管高喷灌浆，对固结体结构尺寸起决定作用的是灌浆压力和提升速度，要想获得理想的性状固结体，就得提高灌浆压力和降低提升速度。

（2）在固结体尺寸上，双管灌浆形成固结体比三管灌浆形成固结体要小。这是由于同等喷射压力和喷嘴尺寸条件下，喷射介质不同，双管灌浆喷射介质水泥浆密度比三管灌浆喷射介质水密度大。根据前述公式（喷嘴射流功率：$N=3P^{3/2}d^2\rho^{-1/2}10^{-9}$），双管灌浆产生的喷射功率比三管灌浆小。因此双管灌浆形成固结体比三管灌浆形成固结体要小。模拟地层试验证明：定喷和摆喷长度约减小 0.5m，旋喷桩径减少 0.1 ~ 0.2m。因此实际施工中，双管灌浆的孔间距也应适当缩小，同样设计旋喷桩搭接时，双管灌浆孔间距也应适当缩小。

（3）在水泥用量上，无论何种地层，双管灌浆比三管灌浆都要节省水泥。约节省水泥 30%。这是由于双管灌浆灌入孔中液体总流量小，浆液经过与地层土混合掺搅后稠度大，造成返浆量下降。在三管灌浆中，高压水射流切割掺搅土体过程中，由于喷入高压水，跟进低压泥浆，进入地层液体总流量加大，稠度比双管灌浆小，加之气流的升扬置换作用，造成大量浆液排出地面。在拟试验中，双管灌浆比三管灌浆废浆排量减小 40% ~ 50%。因此双管灌浆既利于节省材料、降低成本，又不造成废浆污染环境，对那些需要清理废浆工程可节省清淤费用。

（4）固结体强度上，双管灌浆形成的固结体明显高于三管灌浆形成固结体。这是由于三管法高压喷射灌浆过程中，高压水射流在切割土体同时，对灌注浆液形成稀释作用，使固结体的凝结时间变长，强度降低。而双管灌浆以水泥浆直接切割地层并灌浆，不存在水的稀释作用。因而产生较高强度的固结体。试验表明双管灌浆固结体强度为三管灌浆固结体强度的 3 ~ 4 倍。

（5）在防渗性能上，双管灌浆形成的固结体的渗透系数低于三管灌浆形成固结体的渗透系数。现场注水试验证明渗透系数由三管灌浆固结体的 $10^{-6} ~ 10^{-5}$cm/s 降到双管灌浆的 $10^{-7} ~ 10^{-6}$cm/s，约降低一个数量等级。说明双管灌浆防渗性能比三管灌浆好。同样固结体的抗渗透破坏能力也增强，允许渗透比降由三管灌浆的 600 ~ 1000 提高到 1200 ~ 1500。

（6）经开挖显示，双管灌浆单元墙体比三管灌浆单元墙体，虽然形状尺寸有所减小，但形状更加连续规整，搭接更加牢固，水泥含量更高。

8.3　双管高喷灌浆技术工程应用

近年来，双管替代三管法高喷灌浆在水利及建筑工程中应用较多，如抚顺西露天矿坑边地下高喷截渗墙工程，拦截地下潜流取得很好防渗效果和经济社会效益。作为典型工程介绍如下。

8.3.1　工程概况

（1）西露天矿简介

西露天矿以开采历史悠久、规模宏伟、技术先进而闻名于世。西露天矿开采于 1901 年，1914 年转为露天开采，是一个具有百年历史的大型煤矿。西露天矿坑长 6.6km，宽 2.2km，矿坑总面积为 14.5km²，开采深度 400m。年产原煤 260 万 t，富矿供应能力 700 万 t。矿坑周边有企业 100 多家，包括抚顺石油一厂、抚顺发电厂及抚顺水泥厂等重要的大型企业。宏伟壮丽的露天矿坑，十里煤海的雄姿在国内外享有盛誉。2004 年，西露天矿被评为全国首批工业旅游示范点，已成为集自然景观和人文景观为一体的旅游胜地，传播矿山发展史，品味人文景观。

（2）工程的必要性

西露天矿周边主要有 3 条河流，分别为位于矿坑北边的浑河、南部的柏杨河以及矿坑西边的古城河。2005 年 8 月，抚顺市区连续强降雨过程，造成西露天矿灾情严重，矿坑下作业面全部被淹，被迫停产，矿坑沿帮截汇流沟受滑坡和泥石流影响损坏，矿区淤积十分严重。

这次地质灾害造成直接经济损失 3132 万元，并且存在发生更大地质灾害的潜在危险，经济损失将会达到 2 亿元。因而引起国家及各级部门和领导的高度重视。为保护西露天矿及周边居民和企业单位的生命财产安全，必须对其周边河流进行彻底的综合整治，提高河流防洪标准，降低向矿坑的渗漏量，增强矿坑边坡的稳定性。项目的实施不仅对矿坑现阶段的安全生产及矿坑周边的防汛安全具有积极作用，对西露天矿闭矿后的生态环境整治也有十分重要的影响。古城河沿矿坑西边流过，最近距离 150m，故该段被列为首位的重点截渗工程。

8.3.2　工程地质

本区表层为人工杂填土层，其下为河流冲洪积层位，下伏基岩不同取段分别为第三系玄武岩、太古界混合岩、构造角砾岩。根据钻探揭露，地层自上而下依次为：

（1）杂填土（Q_4^{ml}）

杂色、灰黑色、灰褐色，主要以砂土、卵石、黏性土为主，在现河堤东堤矸子山部位，有废页岩、炉渣、砖块、生活垃圾等，杂乱无序，稍湿—很湿，呈松散—稍密状态。有 6 个钻孔揭露到该层。层厚 0.4～8.1m，层底标高 69.71～76.31m。

（2）粗砂（Q_4^{al}）

黄褐色，单粒结构，层状构造，由长石、石英颗粒组成，粒径大于 0.5mm 的颗粒占全质的 50%～60%，颗粒较均匀，分选性一般，绝大部分在地下水位以下，少部分在地下水位以上，稍湿—饱和，呈松散—稍密状态，底部含有少量砾石。该层仅在 ZK9 和 ZK19 两个钻孔中揭露，层厚 1.1～4.8m，层底埋深 6.3～9.2m，层底标高 70.55～75.21m。

（3）砂卵石（Q_4^{al}）

以砾石卵石为主，原岩为混合岩、片麻岩及各种脉岩，中等至微风化，卵砾石磨圆好，呈圆形至次圆形，粒径大于 2mm 的颗粒占全质的 50%～80%，其中卵石含量从杨柏河入口至古城子河入浑河入口逐渐增多，含量从 10% 增至 30%，颗粒不均匀，分选区性差，级配较好，绝大部分在地下水位以下，少部分在地下水位以上，稍湿至饱和，呈稍密状态。该层分布较连续，除 ZK7 一个钻孔外，其余钻孔均揭露到该层。层厚 1.0～9.5m，层底埋深 3.6～15.5m，层底标高 62.3～72.2m。

（4）玄武岩（E）

灰褐色、灰绿色，细粒斑状结构，气孔状、杏仁状构造，可见斜长石斑晶呈板柱状，含量 20% 左右，节理、裂隙发育，风化强烈。该层有 6 个钻孔揭露。揭露层厚 0.2～0.7m，揭露层顶埋深 0～8.6m，揭露层顶标高 63.88～72.74m。其中 ZK7 钻孔在河床出露。

（5）强风化混合岩（Ar）

灰绿色、灰褐色、黄褐色、褐红色，粒状变晶结构，块状、片麻状构造，主要矿物成分为长石、石英、云母及风化蚀变矿物，风化强烈，节理、裂隙发育。冲击钻进困难，岩芯呈砂砾状、碎块状、土状，手可掰开。该层有 11 个钻孔揭露。揭露层厚 0.2～0.4m，揭露层顶埋深 3.6～15.5m，揭露层顶标高 62.3～70.9m。

（6）构造角砾岩（J）

灰绿色，构造角砾原岩为混合岩、片麻岩及泥质砾岩，呈棱角形、透镜体形状，角砾间充填灰绿色断层泥等构造蚀变矿物，片理、裂隙极发育，风化强烈，冲击钻进困难，岩芯呈硬块状，手可掰开。该层有 3 个钻孔揭露。揭露层厚 0.4m，揭露层顶埋深 8.6～9.5m，揭露层顶标高 63.9～64.25m。

8.3.3 截渗墙工程设计

（1）渗流分析

古城河紧邻西露天矿马架子排水泵站段的矿坑边缘，最近距离约 150m。本工程地质勘察报告表明，这区段中，基岩的全风化、强风化层为微弱透水层，其上伏第四系覆盖层的上层是杂填土以及局部的粉质黏土层，为相对不透水层。下层为粗砂、砂砾、砂卵石层，平均厚度为 7m，为强透水层。呈稍密状态。因而，古城河与矿坑地下水之间的水力联系极为紧密。

根据西露天矿防排水段提供的矿坑排水记录，查明临近古城河的马架子泵站所排放的多年平均地下水量为 204 万 m³/a。这说明古城河通过强透水的卵石层向矿坑渗水严重。为了减少河水向矿坑内的渗水量以及提高矿坑边坡的稳定性，拟对强渗漏地层进行垂直防渗工程处理。

（2）垂直防渗墙的轴线布设

古城河城市段中部与马架子泵站段的矿坑边缘平行，相距 150～250m，段长 1500 余米。为了减少绕渗流量，垂直防渗墙长度设计为 2000m。以古城河桩号（入浑河口 0+000）2+200 为中点（此处河与矿坑距离最近）沿河右岸向下、上游延伸，防渗墙起、止桩号分别为 1+200 及 3+200。

古城河迎水坡陡峭，卵石层多处裸露。因而，为满足防渗结构及度汛要求而建造的施工平台土方量将会很大。所以将防渗墙轴线布设在古城河右岸的沿河公路或河堤边坡上。

（3）渗流计算

①原始资料，多年平均地下水位：古城河（桩号 0+200）至马架子泵站断面，上游（古城河堤脚）73.66m、下游（矿坑西南坡）66.89m。

②渗透系数，根据《抚顺西露天矿周边河流防汛安全应急工程岩土工程勘察报告》等相关资料，表明古城河—马架子泵站：砂卵石层平均渗透系数 K=4.29m/d。古城河—矿坑断面渗流计算示意图见图 8-28。

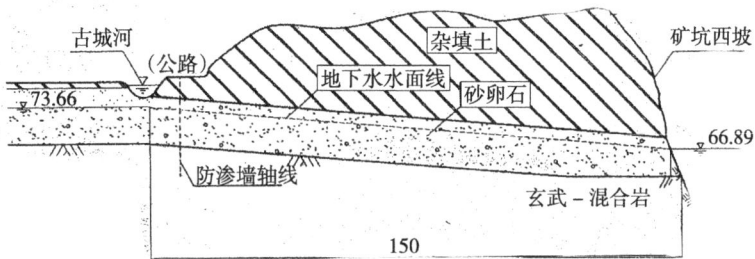

图 8-28　古城河矿坑断面渗流计算示意图（m）

③渗透稳定校核：选用渗流比降公式：$J= \triangle H/L < [J]$

式中：J——渗透坡降；

　　　　$[J]$——允许渗透坡降：粗沙：$[J]$=0.2，卵石：$[J]$=0.33；

　　　　$\triangle H$——水头（m）：上、下游多年平均地下水位之差；

　　　　L——渗径长（m）。

古城河——马架子泵站断面：

J=（73.66–66.89）/150=0.045<[J]渗流稳定。

④渗流量估算，采用下列公式进行估算：

$Q=K\Delta H\partial BM/（2L+M）$

式中：Q——河（湖）水（拟建防渗墙段）沿透水层渗入矿坑的流量（m³/d）；

　　　K——渗透系数（m/d）；

　　　ΔH——上、下游多年平均地下水位之差（m）；

　　　B——垂直防渗墙的计算长度（m）；

　　　L——平均渗径（m）；

　　　M——透水层的厚度（m）；

　　　∂——渗入相应排水泵站的水量与计算断面渗流量之比。

据以河（湖）水为给水源的地下水的流向以及相应排水泵在矿坑内的分区排水情况，因为古城河拟建防渗墙较长，河谷岩面向下游倾斜，部分河水将渗入浑河，故取 ∂ 为 0.5。经计算，截渗墙工程可减少原泵站 50%～60% 的排水量。

（4）防渗墙方案选择

本期截渗工程要求在砂卵石地层中构筑垂直防渗墙，同时要求墙体底部与基岩良好胶结。在国内外诸多建筑物基础垂直防渗技术中，较适用本工程的有高压喷射灌浆截渗墙、抓斗超薄塑性混凝土防渗墙以及帷幕灌浆等 3 种工法。其中，帷幕灌浆具有工艺简单、设备轻便以及造价较低等优点；高压喷射灌浆的特点是，在地层中浆液灌注范围可控，所形成的高喷截渗墙连续、完整，墙体密实、浆液饱满，其防渗效果远优于灌浆帷幕。塑性混凝土墙的墙体质量及防渗效果最优，但其施工机械庞大、占地面积大，而且造价最高，所以本截渗工程选用高压喷射灌浆工法构筑。

（5）高喷防渗墙的墙体结构设计

本工程卵石含量较少、粒径较小，故高喷墙以摆喷墙（图 8–29a）为主要结构形式。在粒径较大、卵石集中、渗漏较严重的地段，高喷墙将设计为摆喷板与旋喷桩间隔相交的结构形式（图 8–29b），在渗漏最严重的重点地段将设计为旋喷桩套接的防渗墙体（图 8–29c）。

a. 高压摆喷防渗墙断面

b. 高压旋、摆喷防渗墙断面

c. 高压旋喷防渗墙面

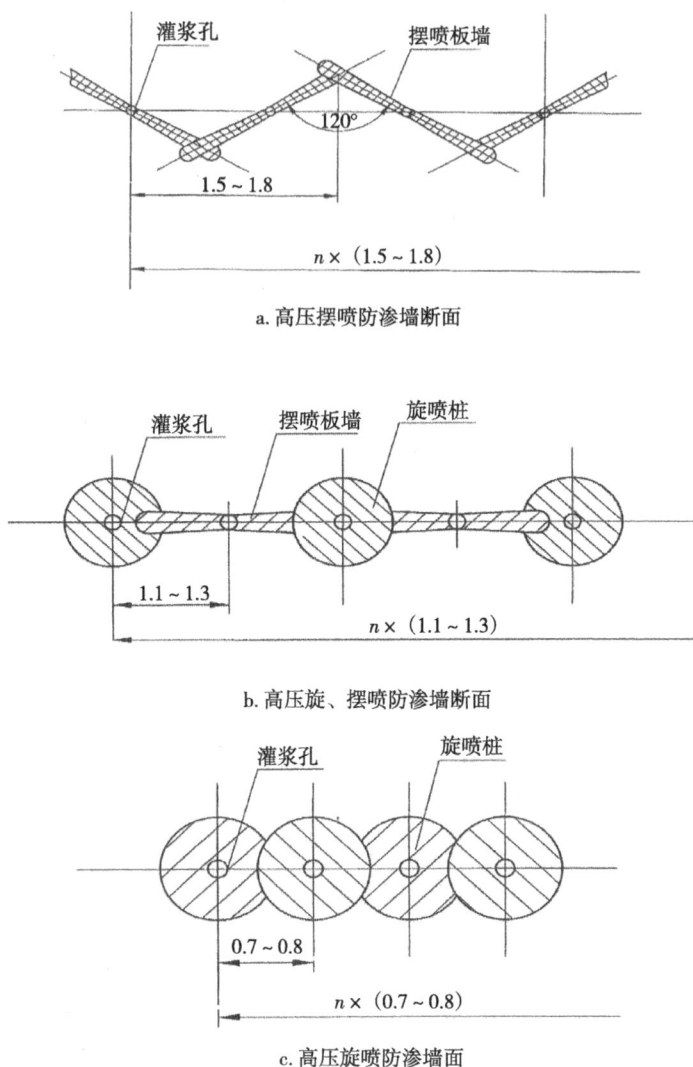

图 8-29　高喷防渗墙墙体结构示意图（m）

8.3.4　施工

（1）施工现场布置

据设计要求，现场高喷截渗墙轴线（喷射灌浆施工平台轴线）布设在古城河右岸边坡上，施工平台修整宽度大于 3m。钻孔的钻机及喷射灌浆机组置于施工平台上，随钻孔而不断迁移。其余诸多设备布设在平台附近，按分段工程分期进行搬迁。

原设计截渗墙全长 2000m，以古城河桩号 2+200 为墙体中点。经研究确定，本期工程截渗墙总长为 1300m。其中点仍为古城河桩号 2+200，则起、终点桩号分别为 1+550 及 2+850。现场所设临时起、止桩号分别为 Y0+000.0 及 Y1+300.0（逆水流方向排序）。

（2）施工顺序

本工程分两个单元工程，第 1 单元为 Y0+000.0 ~ Y0+650.0，第 2 单元为 Y0+650.0 ~ Y1+300.0。施工顺序：由墙中点（Y0+650.0）开始先灌第 1 单元（由 Y0+650.0 至 Y0+000.0），而后灌第 2 单元（由 Y0+650.0 至 Y1+300.0）。

（3）施工工艺

古城河地下截渗墙采用的工艺为高压喷射灌浆技术中的双管工法。其工艺原理为利用工程钻机造孔，然后把带有喷嘴的双重灌浆管下至地层设计深度，用高压泥浆泵把灌注浆液以 28 ~ 35MPa 的高压浆射流从喷嘴中喷射出来，同时压缩空气流呈环状将高压浆射流包裹中间，用该高压浆、气射流切割、冲击破坏地层土体，土粒被切削下来后，一部分细小颗粒升扬置换到地面，其余土粒在射流作用下，与灌注浆液掺搅混合，形成所要求形状（板或桩）的固结体。为增加墙体厚度，本次施工采用高压摆喷灌浆，摆角为 23°，形成墙体最大厚度可达 28cm 左右，平均厚度 18 ~ 22cm。灌浆施工分钻孔、浆材制备、喷射灌浆 3 道工序。

①钻孔。本工程钻孔作业采用液压百米钻机，开孔直径 108mm，钻入基岩 0.5m 后终孔；孔深一般在 8.5 ~ 10.0m。钻孔采用合金钻头，回转钻进，以黏土浆固壁，确保钻孔在 24h 不塌孔，以保证高喷灌浆管顺利就位。密集的钻孔，精确地探明了各灌孔的地层岩性及其界面的深度。为高喷墙板下面嵌入基岩、上面插入相对不透水层（杂填土）1.0m 提供了可靠资料。钻探表明砂卵石层厚 4 ~ 6m，上伏杂填土厚 3 ~ 4m。

②灌注浆液。本次施工采用纯水泥浆作为灌浆材料，水泥选用章党水泥股份有限公司生产的普通级硅酸盐水泥，强度级别为 32.5MPa（GB134—1999、GB175—1999）。水泥浆液配比 1 : 1（水泥与水之重量比）。本工程采用分罐式配制浆液。先后加入搅拌筒中搅拌，静止后，测量浆液比重，达到设计要求后（1.4 ~ 1.5），用高压泥浆泵输送到灌浆管中进行喷射灌浆。

③施工设备及动力。本工程采用国内最先进的全液压控制、无级变速、自动行走的高喷台车，与之配套的设备有高压泥浆泵、泥浆泵、空压机以及浆材制备系统，介质管路系统及中央控制系统等设备。

本工程所使用的施工机械如表 8-6 所示。设备动力主要使用电网电源。在第 2 单元工程远端（Y0+800 至 Y1+300）距电源较远，压降过大，故该段增加了

1 台 120kW 的发电机组，专供高压泥浆泵使用。

表 8-6　施工机械明细

序号	名称	数量	单位	动力（kW）	备注
1	钻机	1	台	7.5	
2	泥浆泵	1	台	4.5	钻孔用
3	高喷台车	1	台	7.5	
4	高压泥浆泵	1	台	90.0	
5	空压机	1	台	18.0	
6	泥浆泵	1	台	13.0	
7	泥浆搅拌机	1	台	13.0	
8	灰浆搅拌机	2	台	7.5	
9	清水泵	1	台	4.5	
10	中心控制台	1	台		
11	配电箱	1	个		含电缆
12	各种胶管				水、气、浆
13	双重管喷具	1	套		
14	合计			165.5	

④墙体结构及喷射参数。正式施工前，结合本工程的地层岩性进行了充分的生产性试验，同时在日后的施工中又不断地验证、调整，优先的施工技术参数见表 8-7。所形成的摆喷连续截渗墙，孔距为 1.5m，下部嵌入基岩，上部插入杂填土 1.0m，满足了墙体结构设计要求。

钻孔及灌浆过程没有发现地层粒径较大（大于 200mm），卵石集中，较大孔隙、孔洞的地层，故本期高喷截渗墙全部为摆喷折接形式（如图 8-29a 所示）。

表 8-7　施工技术参数

喷射参数				运动参数			
浆	压力	28~35	MPa	升速		10	cm/min
	流量	70~80	L/min				
气	压力	0.55~0.65	MPa	摆动	摆角	23	(°)
	流量	1.0~1.2	L/min		摆速	10 次/min	次/min

⑤工程进度及工程量。本工程于 2010 年 5 月 10 日开工，当年 11 月 20 日竣工。共完成高喷截渗墙 1300m，防渗面积 6600m^2，注水试验围井 3 个。

8.3.5　施工质量管理及检测

（1）质量管理

防渗墙系地下隐蔽工程，为保证施工质量，使防渗墙连接可靠，位置及高程达到设计要求，施工单位建立完善质量控制体系。主要为：现场施工设立三级自检体制；每道工序设质量监督员一名，负责对所完成该工序的主要技术指标进行自检，符合设计要求后，报请质检负责人方可进行下道工序，并对主要技术指标进行班报记录；整个工艺设立质检负责人一名，对工序自检结果进行评估，下达后续工序指令，负责整个工艺质量检查，并协助监理工程师对灌浆工艺各项指标进行检查；项目设技术负责人一名，负责对设计书或设计图纸内容进行施工解释，下达灌浆各项技术指标，处理施工发生的技术问题，对整个灌浆施工实行统一质量管理。

（2）质量检测

①开挖检测。本期工程对高喷截渗墙体进行了 10 余处开挖检测，结果表明，所确定的施合参数合理、墙体浆液饱满、孔间搭接连续、牢固。墙体平均厚度达到 20cm，满足设计要求。

②注水试验。为了检测高喷截渗墙的综合抗渗性能，据部颁《水工建筑防渗工程高压喷射灌浆技术规范》采用了围井方法。本工程做了 3 个注水围井，其结构是在高喷截渗墙的侧面专门布设两孔，并以与截渗墙相同的施工技术参数施工所构筑的板墙和防渗墙形成一个菱形井。3 个围井的纵向孔间距分别为 1.2m、1.5m 及 1.8m；然后在井中央钻注水孔并下有过滤段的注水管，参见图 8-30。

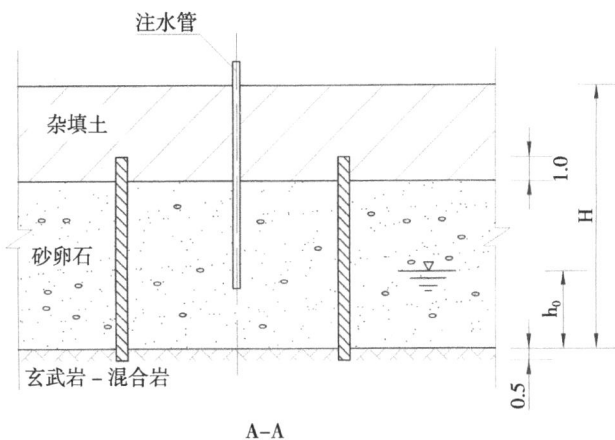

A—A

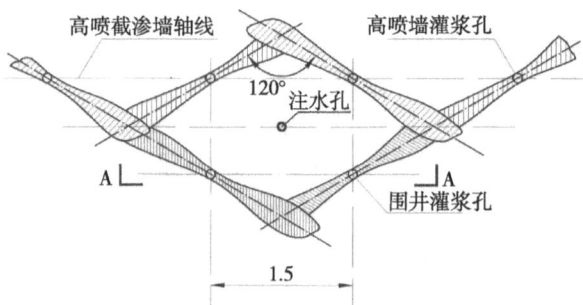

图 8-30　注水围井结构示意图（m）

渗透系数 K 值的计算公式：

$$K=\frac{2Qt}{L\,(H+h_0)\,S}$$

式中：Q——稳定注水量或抽水量（m^3/d）；

　　　L——围井板墙中心线处周长（m）；

　　　H——井内注（抽）水面至井底的高度（m）；

　　　h_0——地下水面至井底的高度（m）；

　　　S——围井内外水头差（m）；

　　　t——高喷板墙厚度（m）；

　　　K——渗透系数（m/d）。

注水试验测得高喷截渗墙平均渗透系数 $K=2.1\times10^{-6}$cm/s，远小于处理前砂卵石地层渗透系数 $K=4.3\times10^{-2}$cm/s。

8.3.6　工程效益

古城河为浑河一级支流，位于矿坑西部。长期以来由于河流缺乏系统规划及防洪整治措施，致使河流通过地下透水层对矿坑直接入渗，对西露天矿矿坑边坡稳定造成不利影响。历史上，矿区淹没及坑边滑坡、泥石流等地质灾害险情严重。根据《抚顺浑河及其支流防汛安全综合整治工程应急初步设计报告——抚顺西露天矿周边河流防护工程》要求，对距矿坑最近、向矿坑渗漏较严重的河段进行截渗处理。本期工程采用高喷灌浆技术在堤防基础下构筑了高喷截渗墙。该工程对保障矿区和周边人民生命财产安全，促进该地区生产稳定持续的发展将发挥重要作用。除了防洪效益之外，工程的兴建对旅游资源及区域生态环境的改善同样具有重大意义。

8.3.7 结语

（1）本期工程在西露天矿与古城河之间所形成高喷墙为下嵌基岩，上插入不透水层的全封闭式的地下连续截水墙，墙体连续完整、抗渗指标达到设计标准。

（2）古城河高喷截渗墙基本解决了河水向矿坑内的流漏问题。同时，地下水位的降低和出逸坡降的减少也增加了矿坑边坡的稳定性，降低了地质灾害的易发程度。

（3）高喷截渗墙属于地下隐蔽工程，尚未经受洪水考验。在日后的运行中，特别在雨季洪水期间应密切观察与检测，必要时再向上、下游延长高喷截渗墙，以减少河水绕渗的影响。

9　高喷灌浆一些延伸技术和工艺方法

高喷灌浆构筑防渗体在我国已得到广泛应用，其适用范围也逐渐扩大，从起初的砂层、粉土等细粒土逐步向砂砾石、砾卵石等大颗粒层发展。但在大颗粒地层中应用尚存在许多问题，如造孔困难、孔垂直度不易保证、墙体连续性及完整性不好、各类材料消耗量过大等，均限制了高喷技术在此类地层中的推广。针对以上问题，通过大量研究试验工作，对现有高喷机具、造孔方法进行了改进，国内已研制出振孔高喷工艺及 PVC 护壁高喷工艺，较好地解决了大粒径砂卵石地层造孔难题。在增大固结体尺寸方面，试验成功双高压灌浆技术，这些都在软土地基工程防渗及加固处理中得到应用。

9.1　振孔高喷灌浆技术

9.1.1　振孔高喷灌浆

振孔高喷灌浆技术，20 世纪 90 年代初研制成功。振孔高喷将钻进成孔和高喷灌浆两大工序整合为钻喷一体化，采用振动方式、整体钻杆（高喷管）、干法造孔，实现快速成孔（比回转钻孔速度提高数十倍），结合较小孔距充分利用高喷射流的前锋高能区切割地层实现快速提升（比钻孔高喷提升速度高 1~2倍），邻孔连续施工射流多重切割搅拌地层实现连续墙，从根本上保证工程质量[50]。振孔高喷施工使用的主要设备为：液压式振动桩架、振动锤和振管组成。其中振动桩架国内最先进的是底架长 12m，宽 5.7m，桩架高 25m，提升力200kN，液压行走振孔高喷车。振动锤为双电机型，功率有 60kW 和 90kW 两种，有振动和旋转功能，配振管实现旋、摆、定喷施工作业。振管为特制 ϕ110mm高喷振管等。另外配有常规高喷设备，如高压水泵、泥浆泵、空压机、搅拌机等。

振孔高喷灌浆是一种钻喷一体化的高喷灌浆技术，以大功率的振动锤将带有特制喷嘴的振管（灌浆管）快速向下振孔，同时用高压设备使浆液、水及气从喷嘴中喷射出来，冲击、破坏土体。当振管到达预定深度后，以一定速度向上提升灌浆管，使浆液与地层的卵砾石强制混合，待浆液凝固后，便形成了固结体板墙或桩。

振孔高喷是对常规的高喷技术在施工方法上的一种改进与发展，常规的钻孔高喷技术的施工程序是钻孔后，下入高喷管至预定深度，高喷灌浆并缓慢向上提升，提升过程中喷管和喷嘴可以是定向、摆动和旋转，常规程序过程较繁杂，造孔占用力量较大，特别在钻进难度较大的卵石、碎石地层中钻孔往往起控制作用。振孔高喷是用一台大功率的振动锤，直接将高喷管送至预定深度，然后开始高喷灌浆和提升，送管和提升过程中高喷管可以是定向、摆动或旋转，以达到定喷、摆喷和旋喷的作业要求。大功率振动锤向下送入高喷管的效率很高，对不同地层的适应性也较强，在松软土层中下送速度 10m/min 左右，在不含或少含漂石的砂（砾）卵石层中下送速度为 2m/min 左右，在含有较多漂石的地层中，在振管旋转的状态下，也可达到 1m/min 左右的振入速度，用旋转振动方法还可进入风化基岩一定深度，振动送管的深度目前已达 30m。振孔高喷简化了工序，送管的速度很快，因此对高喷的传统施工参数可以作较大的调整，如高喷孔的距离可用 0.6~1.0m 孔距。

振孔高喷优点：

（1）利用振动工艺将造孔与插管结合起来，不但解决了大颗粒地层造孔难等问题，且简化了工作程序，避免了二次插管的麻烦[51]。

（2）振孔高喷与钻孔高喷比，由于孔距小，提速大，水泥耗量降低 30％，实践证明振孔高喷既能提高施工效率又能大量节省水泥，且又提高了墙体质量，是一种高效节能先进的施工方法。

（3）振孔高喷施工是钻喷一体化施工，不需分序，连续作业，减少了施工工序，提高了工效，特别适宜在卵砾石地层中进行高喷灌浆作业。它施工速度快、适用范围广、施工简便，有很大的发展空间。

虽然振孔高喷灌浆技术较好解决了砂（砾）卵石层造孔问题，形成钻喷一体化，但其需要大功率振动设备，耗能高。一般细颗粒地层高喷灌浆是没有必要使用的。但在细颗粒地层中，对于已钻成的灌浆孔随时出现塌孔、缩孔或落淤等状况，遇到上述故障只能利用灌浆管自由落体的冲击力或卷扬提升力进行排除，其排除力度有限，此外遇到需要重复灌浆段，可造成灌浆管下降和提升困难，甚至发生夹管事故，因此不得不废弃该孔，重新补钻孔或废弃被夹灌浆管。此种情况下，研发了一种小型灌浆激振器和自动换向射水器。

9.1.2 小型灌浆激振器

小型灌浆激振器功率只有 4kW。通过灌浆机起吊塔架上滑道，上下滑动振动灌浆管顶端，可较顺利地使灌浆管下至设计深度或提升到预定的高度。

灌浆管激振器结构：包括振动箱体、电动机、一对正齿轮付、偏心轮、主动轴、从动轴、吊架、定位滚轮、绞链接。振动箱体内装主动轴和从动轴，主动轴和从动轴均通过两端的轴承支撑在振动箱体上。一对齿轮付分别装在主动轴和从动轴上，位于正齿轮付两侧的主动轴和从动轴上，各装有两个偏心轮。电动机装在振动箱体上，电动机的输出轴上装有驱动皮带轮，驱动皮带轮通过三角带连接装在主动轴上的皮带轮。振动箱体以其两侧装在设有吊装弹簧的吊架上，电动机通过皮带轮传动带动主动轴转动，又通过一对正齿轮付驱动从动轴同速转动，带动主动轴和从动轴上偏心轮高速转动，在偏心轮与吊装弹簧共同作用下，振动箱体以及与之相连的部件便同时产生了强大振动力，构成激振器[52]。其结构如图 9-1 所示，激振器安装在灌浆机上见图 9-2。

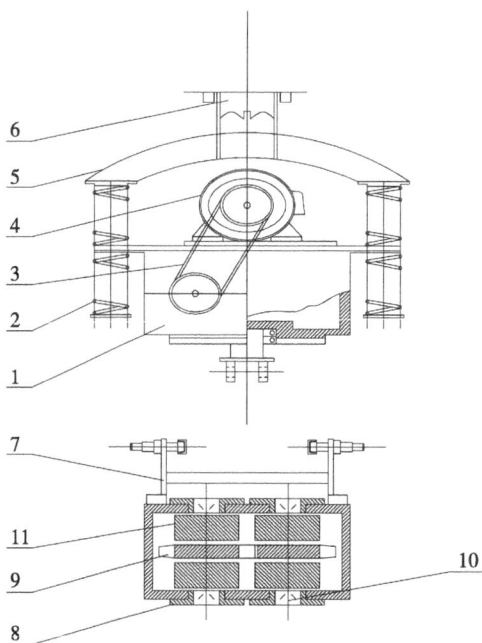

1.皮带轮　2.主动轴　3.正齿轮　4.偏心轮　5.振动箱体　6.弹簧　7.三角带　8.电动机　9.吊架
10.滑轮组　11.从动轮　12.滚动支架　13.定位滚动　14.铰接座

图 9-1　激振器结构示意图

图 9-2　安装在高喷灌浆机上激振器

9.1.3　自动换向射水器

自动换向射水器是在灌浆过程中，保证水平喷射同时又能转换为铅垂喷射水力造孔，克服流沙地层造孔难的问题，将钻孔及灌浆两工序合为一道工序，连续完成高喷灌浆作业[53]。该装置如图 9-3 所示，由水管、气管、浆管、水套管、水平射水嘴、活塞、活塞套、活塞弹簧等构成。气管与水管依次同心地设置在浆管内部。浆管内下部设置水套管，水套管内下端焊接有水套管封闭板，外焊接有水与浆管封闭板，上端焊接有水与气管封闭板，水套管通过水与浆管封闭板焊接在浆管内壁上。活塞套一端置于水套管内，活塞套焊接水与气管封闭板上，活塞套内装活塞并以 O 形密封圈封闭，活塞的一端套装活塞弹簧，活塞弹簧的两端分别抵顶在活塞和活塞套封闭板上。水管两端分别与所设水管接头和活塞套焊接，焊接后由水管、活塞套及活塞套封闭板之间形成内水道。气管与水与气管封闭板焊接，焊接后由水管、气管及水与气管封闭板之间形成气通道。水与气管封闭板、活塞套、水套管及水套管封闭板之间形成外水道。浆管、气管、水管套及水与浆管封闭板之间形成浆通道。

活塞套上设有第一活塞套水孔和第二活塞套水孔，与之相对应的活塞的空心部上设有第一活塞水孔和第二活塞水孔，在活塞的移动下分别与第一活塞套水孔和第二活塞套水孔相通。在浆管同一侧焊接有喷气嘴接头和开设有喷浆孔，活塞套外侧焊接有水平射水嘴接头，喷气嘴接头和水平射水嘴接头与第一活塞套水孔在同一个中心线上。铅垂射水嘴螺纹连接在水套管封闭板上，铅垂射水嘴外侧设有锥头,锥头上设有合金块,锥头螺纹连接在浆管下端,浆管上端螺纹连接灌浆管,并以定位键定位,其水管、气管和浆管分别与灌浆管上的水、气、浆管相通。

工作原理:当水压在 23～25MPa 时,水压力小于活塞弹簧的弹力,活塞上行,第二活塞上水孔与第二活塞套上水孔相通,高压水流由内水道经外水道,由铅垂射水嘴喷出,进行造孔作业。当水压在 28～35MPa 时,水压力大于活塞弹簧的弹力,活塞弹簧被压缩,第一活塞上水孔与第一活塞套上水孔相通,高压水流由内水道经水平射水嘴射出,进行灌浆作业。通过水压力和弹簧弹力控制活塞的位置来自动换向射水。

自动换向射水器适用于细颗粒地层的浅孔工程,特别适用于流沙地层,解决了流沙地层造孔难题,减少了钻孔设备,具有简化工艺流程、降低施工难度、提高生产效率、降低工程成本等优点。

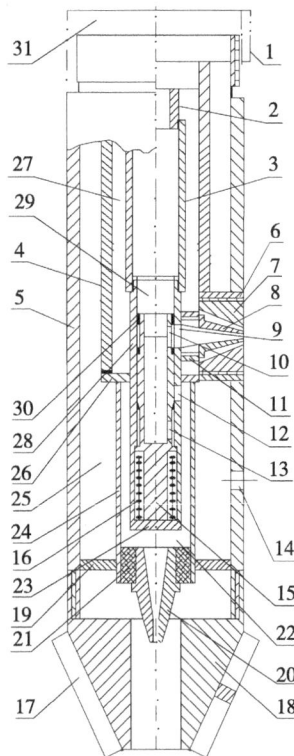

1.定位键　2.水接头　3.水管　4.气管　5.浆管　6.喷气嘴接头　7.喷气嘴　8.水平喷射嘴　9.第一活塞套水孔　10.第一活塞水孔　11.水平射水嘴接头　12.第二活塞套水孔　13.第二活塞水孔　14.喷浆嘴　15.活塞　16.活塞弹簧　17.合金块　18.锥头　19.水与浆管封闭板　20.铅垂喷射嘴　21.水套管封闭板　22.外水道　23.活塞套封闭板　24.水套管　25.浆通道　26.水与气管封闭板　27.气通道　28.活塞套　29.内水道　30.O形圈　31.灌浆管

图 9-3　自动换向射水器示意图

9.2 PVC 管护壁高喷技术

工程实践表明：在卵砾石含量多，粒径大的地层中，选择钻进能力强的钻孔设备、采取跟管钻进和 PVC 管护壁技术，是确保高喷灌浆成功的重要条件。国内使用气动潜孔锤跟管钻进工艺，平均纯钻效率为单机钻孔进尺达 60m/ 台班，比回转钻进效率要高得多，为普通地质 300 型钻机的 12 倍。

试验施工中，气动潜孔锤主要采用英格索兰钻机，钻机型号 YG–60。每台钻机配 1 台 YB30 型液压拔管机，起拔力 30t，还配备 1 台空压机，风量为 23m³/h，压缩空气压力为 1.0 ~ 1.2MPa，作为破碎岩石的能量和洗孔介质。钻孔开孔径为 146mm，钻具使用偏心扩孔钻具，使终孔孔径不小于 130mm，既能快速破碎和挤压砂卵石，又能使套管随钻头同步钻进，大大提高了钻孔工效。跟管为钢套管，直径 127mm。钻进中随时校正钻机方位，控制孔斜，终孔时用测斜仪检测。

验收后在钢套管内下入 PVC 护壁管，然后用拔管机将钢管拔出。PVC 护壁管直径为 108mm。气动潜孔锤跟管钻进工艺在拔出跟进钢管后的钻孔中下设 PVC 管，不仅起到保护孔壁作用，而且在高压水作用下 PVC 管能迅速被破坏，使浆液喷射到地基土中形成高喷固结体。

PVC 管下入孔中后，高喷灌浆前要进行 PVC 管破坏试验。PVC 管破坏试验，是针对设计提出的压力要求，用高压水在不同厚度和材质 PVC 管内进行射水试验，再根据管子破坏的程度确定所用的 PVC 管。

PVC 管破坏试验中，先后将两种 PVC 管在地面用高压水对其进行破坏性试验。在管内喷射的高压水达到 20 ~ 25MPa 压力时，两种 PVC 管都被冲成约 1cm 宽的缝，其中一种管子很快破成碎片。之后在试验段高喷灌浆施工中就采用这种易被破坏的 PVC 管。试验段开挖时，没有发现大的 PVC 管片，仅能找到小碎片。这表明高喷孔内的 PVC 管，不仅在钻孔拔出套管后可起到保护孔壁的作用，而且在高压水的作用下能迅速被破坏，从而有效地喷浆。工程实例如四川省遂宁白禅寺电航工程围堰防渗工程[54]。

图 9–4 为气动潜孔锤跟管钻进 PVC 管护壁旋喷灌浆工艺流程。

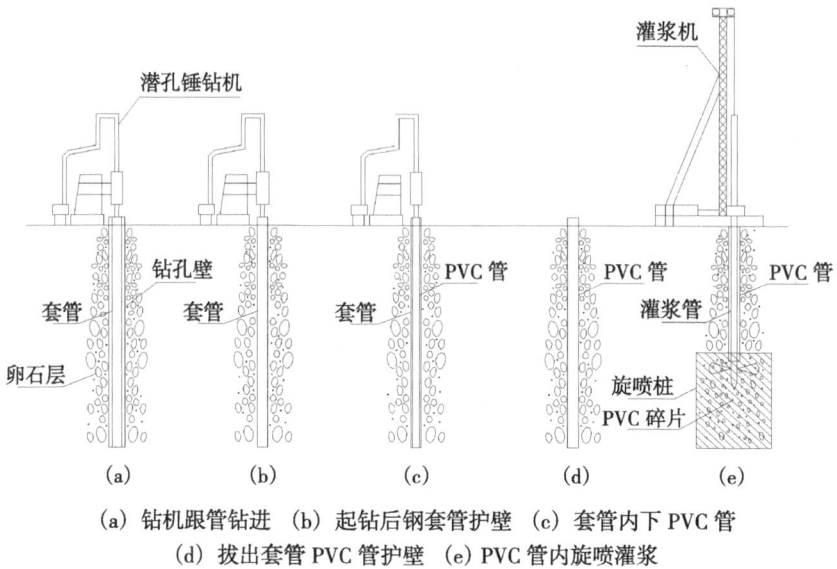

(a) 钻机跟管钻进　(b) 起钻后钢套管护壁　(c) 套管内下 PVC 管
(d) 拔出套管 PVC 管护壁　(e) PVC 管内旋喷灌浆

图 9-4　PVC 管护壁旋喷灌浆工艺流程

在遇填石层、砂层、淤泥层等软弱地层时，采用 PVC 管护壁法施工旋喷桩连续性好，不受塌孔等影响而中断，成桩质量效果较好，该法施工简单，仅在传统方法的基础上增加了埋设 PVC 管这一环节，埋设过程可由钻机工人直接操作，不需增加额外的劳动力和工期，且所用材料简易，大多数项目可就地取材[55]。

9.3　双高压喷射灌浆技术

双高压喷射灌浆技术又称 RJP 灌浆技术，首先采用高压水泵生成 30～40MPa 高压水外裹气射流切割地层，然后再用高压泥浆泵生成 30～40MPa 高压泥浆，外裹气流对地层进行二次切割喷浆，两次切削增加对地层切削深度，扩大喷射范围，达到显著增加固结体长度、直径目的。

9.3.1　喷射试验

试验采用同一地层条件下两种喷射工艺对比进行，分别为二管法和双高压法。在基本相同高喷参数下做对比试验。在试验区内各布置一组单元板和单桩，单元板采用 180° 摆喷。试验设备为高压水泵、高压泥浆泵、同一套二管喷射机具及其他通用设备。试验分两组：一组试验为二管正常喷射灌浆，二组试验先进行高压水气切割，然后在同一地层位置再进行浆气切割。试验结束后，采取开挖量测板、桩有效长度及直径，并取样试验确定强度指标等。灌浆参数见表9-1，试验结果见表9-2。

表9-1　二管法与双高压法试验参数

	地层	方式	浆压 (MPa)	浆量 (L/min)	气压 (MPa)	气量 (L/min)	提速 (cm/min)	摆速 [(°)/s]	转速 (r/min)
二管 法	砂砾 石	摆喷	30~31	80	0.7	1.2	8	5	
		旋喷	30~31	80	0.7	1.2	8		12

	地层	方式	水压 (MPa)	水量 (L/min)	浆压 (MPa)	浆量 (L/min)	气压 (MPa)	气量 (L/min)	提速 (cm/min)	摆速 [(°)/s]	转速 [(°)/s]
双高 压法	砂砾 石	摆喷	34~35	75	30~31	80	0.7	1.2	8	5	
		旋喷	34~35	75	30~31	80	0.7	1.2	8		12

表9-2　二管法与双高压法试验结果

方法	方式	有效板长 (m)	有效桩径 (m)	水泥用量 (t/m)	平均强度 (MPa)	废浆排量 (L/min)	备注
二管法	摆喷	1.52~1.59		0.3~0.4	9.60	33~45	试验后28d开挖，量取板长（双侧）、桩径，钻取三组取样进行室内无侧限抗压试验
	旋喷		0.95~1.03	0.3~0.4	8.35	30~41	
双高压法	摆喷	2.49~2.55		0.4~0.5	5.5	62~70	
	旋喷		1.71~1.83	0.4~0.5	5.5	60~67	

9.3.2　工法特点

试验表明：双高压法高喷灌浆在砂砾石地层形成了搅拌更充分，桩径更大的旋喷桩或摆喷板。较通常二管灌浆有效桩径在1m左右，增大至1.7~1.8m；有效板长（双侧）由1.6m增大至2.5m，固结体尺寸的增大有利于桩间搭接和增大孔距。但形成板、桩强度有所降低，这与浆液掺入大量喷射水有关。消耗灌浆能量较大，消耗灌浆材料略有增加，但与增大板长、桩径相比，整体上节省成本。

该技术采用主要设备是高压水泵和高压泥浆泵装置，在工艺上将双管和三管结合在一起，形成双高压灌浆技术。设备简单，只需在原有三管灌浆基础上，增加一台高压泥浆泵和双高压喷射机具，且操作简便。缺点是需使用较大功率带动双高压设备。主要应用在有特殊桩径要求，或局部处理建筑物缺陷地基上。

后记

随着国内大规模工程建设的发展，与其相应的工程技术也不断有所创新。自20世纪70年代后期开始，我国在水利、建筑、铁路、交通、冶金等部门先后引进一种新的基础处理施工方法——高压喷射灌浆。在此后的几十年中，由于广大科研技术工作者的努力，该项技术在机制、机具设备、制浆、工艺、质量监测等方面都有较大发展，在土木工程上的应用也十分广泛。到目前为止这项技术不论在经济效益方面或技术发展方面都取得了可喜的成就。

特别是在水利工程中，全国所完成的高喷工程已相当多，仅在辽宁省水利工程中就完成高喷工程100余项，许多病险水库、堤防、闸站通过高喷灌浆得到了有效的除险加固。高喷灌浆构筑的防渗墙，对重大水利工程突发险情应急处置，保证堤坝闸站等水工建筑物安全、防洪减灾发挥工程效益、加快建设速度都起到重要作用。20世纪90年代成立的下属于中国水利学会施工专业委员会高喷学组和垂直防渗学组对高喷灌浆技术交流、成果推广、规范制定等都起到很大的促进作用。

本书作者长期从事高喷灌浆技术研究和推广应用工作，尤其是在水利工程基础防渗方面积累了丰富的实践经验。对灌浆中一些问题、新情况也有独特的观点认识。在收集了大量的资料、成果加以总结基础上，编著《高压喷射灌浆技术的理论与实践》一书。

高喷灌浆施工属于隐蔽工程，要通过周密的设计、严谨的施工和监督管理，来达到工程建设目的。其理论研究是一项长期而复杂的工作，需要在实践中不断探索，不断有所发明创造，不断取得进步和提高。

本书主要想为从事该专业的设计、施工和管理人员提供一本实用并包含理论和实践的参考资料。由于高喷灌浆技术在我国应用时间跨度较长，本书的引用资料绝大多数体现在参考文献中，但还有一些资料为历年积累，无从查证引自何处。同时笔者提出一些的见解和讨论的问题，由于水平有限而有失全面，有些观点可能还值得商榷，故希望大家多提宝贵意见，敬请指正。

参考文献

[1]李卫民，丛蔼森.高压喷射灌浆技术的最新进展 [J].西部探矿工程，2006：29-34.

[2]白永年，吴士宁，王洪恩，等.土石坝加固 [M].北京：水利电力出版社，1991：595-615.

[3]梁炯鎏.锚固与注浆技术手册 [M].北京：中国电力出版社，1999：449.

[4]王宝玉、查振衡.高压定向喷射灌浆构筑板墙技术的研究 [J].岩土工程学报，1984，6（6）：74.

[5]阎明礼.地基处理技术 [M].北京：中国环境科学出版社，1996：278.

[6]崔双立.高压喷射灌浆技术在软基加固中的应用 [M].大连：大连理工大学出版社，1995：376.

[7]崔双利，刘明飞.高压喷射灌浆技术在土石坝基础加固中的应用 [J].东北水利水电，1999（7）：36.

[8]徐至均.高压喷射注浆法处理地基 [M].北京：机械工业出版社，2004：18.

[9]A.P.S.Selvadural.土与基础相互作用的弹性分析 [M].范文田，译.北京：中国铁道出版社，1984：3.

[10]刘瑞钾，张大鹏，崔双立，等.旋喷桩复合地基承载特性的试验研究 [J].中国力学学会《工程力学》期刊社，1997：417-422.

[11]龚晓南.复合地基理论与实践 [M].杭州：浙江大学出版社，1996：168.

[12]刘瑞钾，陈克家，倪晓春，等.一种高压喷射灌浆机：89210018.4 [P].1990-1-10.

[13]刘瑞钾，刘丛，张大鹏.高压喷射灌浆技术简介 [J].水文地质与工程地质，1995（1）：53.

[14]李春德，赵福来.全液压步履式高喷台车：97232841.6 [P].1998-10-3.

[15]孟宇，崔双利，杨亮，等.一种三重管灌浆参数监测仪：202123046195.8 [P].2022-06-03.

[16]陈克家.一种高喷灌浆质量监测仪表 [J].水利管理技术，1995（3）：11.

[17]高钟璞.大坝基础防渗墙 [M].北京：中国电力出版社，2000：30.

[18]郑秀培.土石坝地基混凝土防渗墙设计与计算 [M].北京：水利电力出版社，1979：85.

[19]罗少彤.高压喷射灌浆防渗技术的进展和探讨 [J].广东水电科技，1991（03）：11.

[20]崔双利.高压喷射灌浆在永纪水库防渗加固中的应用 [J].东北水利水电，2001（9）：21.

[21]崔双利，贺清录，李志祥，等.一种复合防渗墙：ZL 201020161077.4 [P].2010.12.08.

[22]崔双立.灌区渠道挡水闸透水地基的截潜加固 [J].西部探矿工程，2001（5）：23.

[23]E.Nonveillev.Grouting Theory and Practice [M].顾柏林，译.沈阳：东北大学出版社，1991：32.

[24]叶书麟.地基处理与托换技术 [M].北京：中国建筑工业出版社，1994：343-344.

[25]王新.水利工程中坝体劈裂灌浆施工技术探讨 [J].中国水能及电气化，2013（11）：10.

[26]张景秀.坝基防渗与灌浆技术[M].北京：水利电力出版社，1992：182.

[27]杜嘉鸿.国外化学注浆教程[M].北京：水利电力出版社，1987：40.

[28]闫勇.水泥—水玻璃浆液性能试验研究[J].水文地质工程地质，2004（1）：71.

[29]张勤，那利，崔双利，等.一种护孔装置：201010195346.3[P].2013-07-24.

[30]郭振明.二管高压喷射灌浆技术在闸基础处理中的应用[J].水利技术监督，2008（6）：64.

[31]苏宏阳.基础工程施工手册[M].北京：中国计划出版社，1996：146.

[32]崔双利.高压喷射灌浆技术在闸基础防渗加固中的应用[J].水利建设与管理，2001（增刊）：50.

[33]水利水电工程注水试验规程.中华人民共和国水利行业标准[S].中华人民共和国水利部发布.2007.

[34]范中原，夏金梧.水利水电工程钻孔抽水试验规程[S].长江水利委员会长江勘测规划设计研究院，2005.

[35]王少浸.高压摆喷注浆技术在治理矿山第四系水中的应用[J].水文地质工程地质，1995（3）：57.

[36]崔双立，姜晓刚.石佛寺水库旋喷灌浆围井试验研究[J].东北水利水电，2004（11）：36.

[37]崔双利.高压旋喷注浆技术在基坑挡土墙工程中的应用[J].探矿工程（岩土掘进工程），2011（2）：48-53.

[38]崔双立.夹心式防渗墙在小龙口水库坝基防渗中的应用[J].水利水电技术，1997（3）：49-51.

[39]彭会臣.宫山嘴水库除险加固工程分析研究[C].全国病险水库与水闸除险加固专业技术论文集，2001.

[40]崔双立.宫山嘴水库大坝291#观测孔坝基渗漏段防渗处理[J].吉林水利，2004（6）：39.

[41]尚海涛.宫山嘴水库大坝灌浆施工技术[J].吉林水利，2008（05）：69.

[42]秦冰.高压喷灌浆技术在压力排水管道加固工程中的应用[J].水利水电科技进展，2004（1）：55.

[43]黄为.土工膜与高喷灌浆垂直防渗联合应用[J].东北水利水电，2012（3）：30.

[44]那利，汪魁峰，李志祥，等.土压力计埋设装置：201020221236.5[P].2011-03-30.

[45]那利，汪魁峰，李志祥，等.土压力计埋设装置及埋设方法：201010196452.3[P].2013.09.04.

[46]崔双利.二重管灌浆送液器：201120275553.X[P].2012.03.14.

[47]潘绍财，贺清录，孔繁友，等.二重管高喷灌浆喷射器：201120275542.1[P].2012-03-14.

[48]崔双利，潘绍财，孔繁友，等.下倾式高喷灌浆喷射器：201520218199.5[P].2015-09-02.

[49]贺清录，潘绍财，孔繁友，等.二重管高喷灌浆控制台：201120275484.2[P].2012-03-14.

[50]孙灵会.振孔高喷灌浆技术研发进展与探讨[J].东北水利水电，2014（9）：13.

[51]中水东北勘测设计研究有限责任公司.振孔高喷防渗加固技术研究与实践[M].北京：中国水利水电出版社，2015.

[52]崔双利，潘绍财，李春德，等.三重管灌浆激振器：201020161074.0[P].2010-11-24.

[53]李志祥，张正哲，鲍丽新，等.自动换向射水器：201110134686.X[P].2014-08-27.

[54]邹刚.PVC遂宁白禅寺电航工程围堰防渗质量浅析[J].西部探坑工程，2002（5）：16.

[55]黄晓龙，蒲力萍.PVC管护壁旋喷桩施工技术[J].施工技术，2016（12）：90.